建筑速写

/ Architecture Sketch

21 世纪全国普通高等院校美术·艺术设计专业“十三五”精品课程规划教材

The“13th Five-Year Plan”Excellent Curriculum Textbooks for the Major of

Fine Arts and Art Design

in National Colleges and Universities in the 21st Century

主　编　王学思

著　王学思　刘　岩　高家骥　张亨乐

辽宁美术出版社

Liaoning Fine Arts Publishing House

21世纪全国普通高等院校美术·艺术设计专业
"十三五"精品课程规划教材

总 主 编　彭伟哲
副总主编　时祥选　田德宏　孙郡阳
总 编 审　苍晓东　童迎强

图书在版编目（CIP）数据

建筑速写 / 王学思主编. — 沈阳：辽宁美术出版社，2020.8（2024.1重印）
21世纪全国普通高等院校美术·艺术设计专业"十三五"精品课程规划教材
ISBN 978-7-5314-8486-8

Ⅰ. ①建… Ⅱ. ①王… Ⅲ. ①建筑艺术－速写技法－高等学校－教材 Ⅳ. ①TU204.111

中国版本图书馆CIP数据核字（2020）第045662号

出版发行　辽宁美术出版社
经　　销　全国新华书店
地　　址　沈阳市和平区民族北街29号　邮编：110001
邮　　箱　lnmscbs@163.com
网　　址　http://www.lnmscbs.cn
电　　话　024-23404603

封面设计　彭伟哲　贾丽萍　孙雨薇
版式设计　彭伟哲　薛冰焰　吴 烨　高 桐

印制总监
徐 杰　霍 磊

印　　刷
辽宁北方彩色期刊印务有限公司

责任编辑　时祥选
责任校对　郝 刚
版　　次　2020年8月第1版　2024年1月第3次印刷
开　　本　889mm×1194mm　1/16
印　　张　8
字　　数　150千字
书　　号　ISBN 978-7-5314-8486-8
定　　价　45.00元

图书如有印装质量问题请与出版部联系调换
出版部电话　024-23835227

序 言

随着科学技术的迅猛发展，计算机软硬件的开发与普及，数字技术已融入现代建筑设计的各个领域。它不但具有设计速度快、信息传输高和便捷的优势，还极大地拓展了建筑设计的视觉语言和表现形式，因此，人们越来越依赖于电脑设计建筑效果图。但是“电脑”不能代替“人脑”，“电脑”是在人脑的意识指挥下作业的，“电脑”只是辅助设计的手段，“人脑”才是建筑设计的关键。如果不掌握建筑速写的基本表现技能，即使使用最好的电脑和最先进的设计软件，也无法准确地表达个人的设计创意激情。

在建筑学、城市规划、景观设计和室内设计等造型教学体系中，建筑速写训练是不可缺少的基础课程之一，通过建筑速写可以快速提高学生的观察能力（眼）、记忆能力（脑）和表现能力（手）三者之间的协调与配合能力，如果缺少建筑速写基本功的训练环节，则个人的设计构思就无法快速准确地表达出来。

建筑速写不受工具材料、场地的限制，具有简易、可操作性强的特点，通过建筑速写练习，可以储存积累各类建筑形象信息，提高对建筑艺术的鉴赏能力，形成个人建筑审美观点。

现代建筑设计师不仅要有一流的设计创新能力，还要具备较强的设计沟通与交流能力。为适应当代设计市场人才需求，未来设计师必须具备徒手绘制效果图草图的能力。

本书就是针对学生在建筑速写表达方面普遍存在的眼高手低的问题，总结自己多年的教学实践经验，旨在传授建筑速写表现的基本技法，使学生尽快地学会用艺术的线条诠释建筑生命语言，充分展示建筑速写的韵律与魅力。书中以展示图例为主，将建筑速写的基本规律深入浅出地向学生阐述，使学生快速地掌握建筑速写的表现技法，学会熟练地绘制建筑设计方案草图，使学生能够准确地表达个人的设计构思意图，提高设计沟通的表达能力，为今后的专业学习和工作奠定坚实的基础。

王学思

2011年6月

2007年8月
圣彼得堡街景

目录

1

第一章 建筑速写概述

本章要点

- 建筑速写概念
- 建筑速写目的
- 观察能力与分析能力的培养
- 表现能力的训练
- 建筑速写的意义

第一节

建筑速写概念

建筑速写主要是快速、客观地表现建筑造型结构及建筑环境的一种绘画方式。不同于一般性绘画的速写那样可以夸张、变形，而建筑速写要求造型结构严谨、透视准确。建筑速写是对建筑造型结构有着充分理解认识的一个过程，其表现手法和使用工具可多种多样。在速写训练的过程中，使学生能够对复杂多变的建筑造型结构加以分析、记忆，储存多样的建筑信息，从而培养学生的创新设计思维。

建筑速写是环境艺术设计综合系统的重要组成部分之一，是专业学习不可缺少的一个课程。近些年来，建筑速写的工具类型不断增加，表现方式、方法更趋于多种多样，在建筑和室内设计领域发挥着重要的作用。基于建筑速写表达方式快速灵活的特点，深受设计师和学生的喜欢。

图1—1　圣彼得堡教堂　(王学思　作)

图1–2　水乡乌镇　（王学思　作）

建筑速写的表现过程是运用形和光影的明暗变化，线条的长短、虚实、曲直，结合形体的跌宕起伏来组织画面。作画时线条可浓可淡，可粗可细，可刚劲有力、柔和匀称，可细如游丝、精致细腻，也可粗犷如泼墨、豪迈奔放，简练、迅速地表达出含蓄而丰富的内容。尤其在快捷草图绘制时，可将瞬息的灵感即兴的形之纸笔。建筑速写的表现形式有多种，如写实的、细腻的和简略的等。为适应这些表现形式，速写表达语言也需要多样化。作画者可根据建筑形式、格调和构图手法对建筑的空间、体面及材质进行充分表现，使整个画面效果更加虚实分明，取舍得当，错落有致，别有一番艺趣（图1-1、图1-2）。

第二节

建筑速写目的及意义

建筑速写不单单是一种绘画形式，它是创作设计草图方案形成的手段。可以通过熟练的表现手法说明你的设计意图，好的创意构思、准确的透视及造型加之淡彩或马克笔上色，又可称为效果图设计表现。速写训练可以培养学生的观察能力、表现能力和创意能力，学生只有认识到这一点，才会在学习中产生主动性（图1—3～图1—6）。

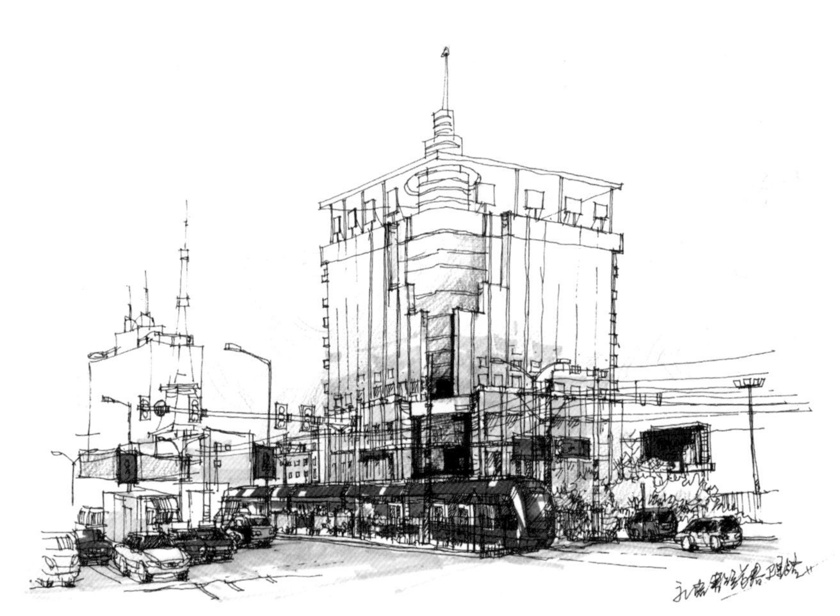

图1—3　长春市阳光大厦 （刘岩　作）

图1—4　俄罗斯圣彼得堡 （王学思　作）

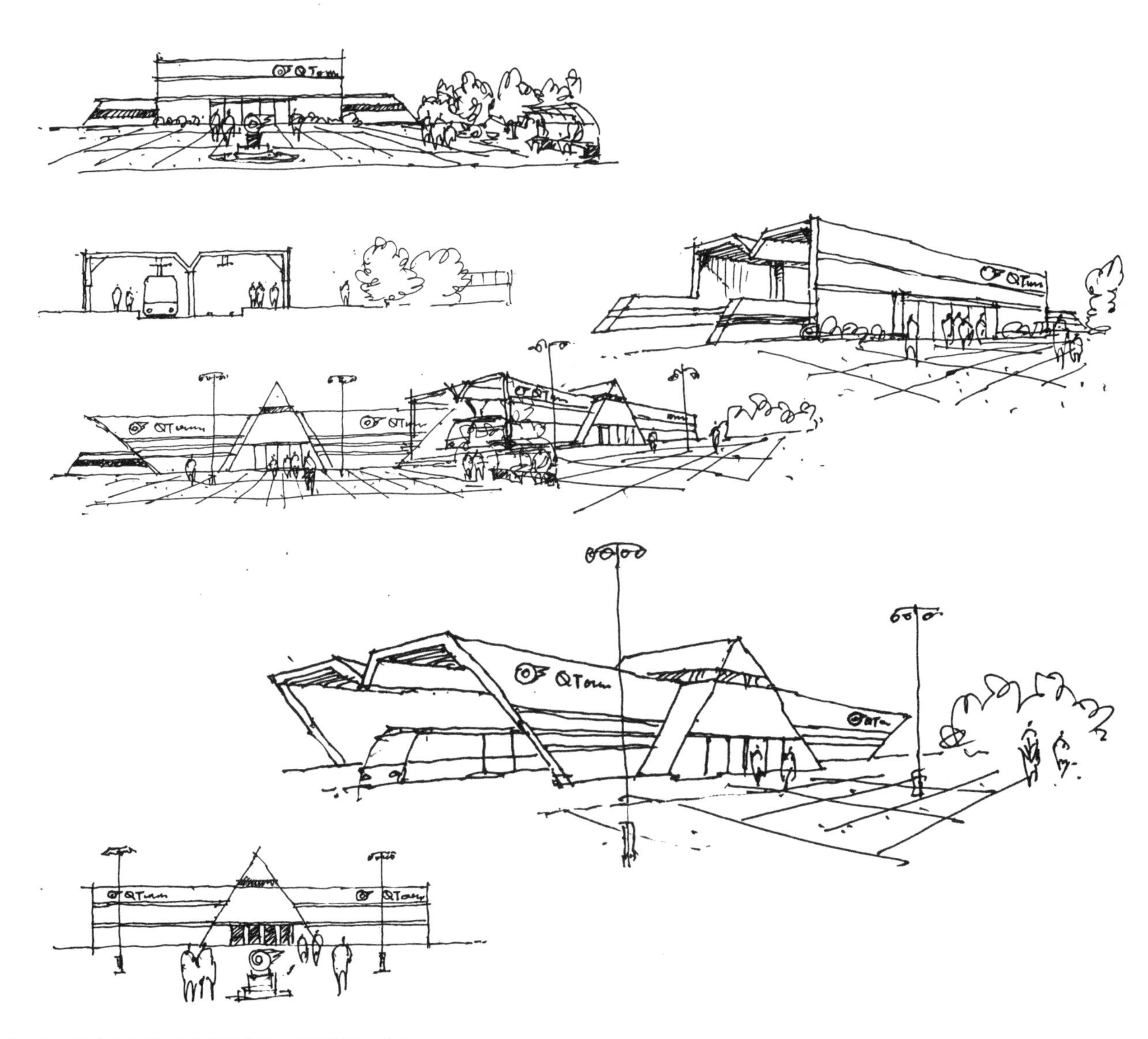

图1—5　长春市轻轨车站方案草图　(王学思　作)

建筑设计方案和室内设计方案是经过构思草图为前提绘制而成的。本轻轨车站是经过几个方案的演变而确定采用的最终方案。草图的绘制能否体现出构思意图，需准确地掌握造型能力和熟练的表现手法，建筑速写训练可为草图绘制奠定良好的基础。

图1—6　长春市轻轨车站方案3D表现　(王学思　作)

一、建筑速写目的 ///

1.培养学生的观察能力与分析能力

良好的观察能力与分析能力是画好建筑速写的首要前提。只有具备这些能力，才能将你眼中的建筑物影像、结构、造型特征及建筑物周边配景环境等准确快速地表现出来。当我们要表现一个建筑物或一个室内空间环境时，要有选择地进行表现。建筑物从哪些方面吸引你，是建筑造型结构特征，还是建筑风格，或是整体建筑与配景的关系，经过分析与观察来组织整体画面。不同的表现手法表现建筑物时会产生不同的效果，我们要去分析最终怎样才能产生一个最佳的画面，从不同的角度观察要表现的建筑主体，确定一个最佳的角度进行效果表现。因此，建筑速写是培养学生观察能力与分析能力必不可少的一个重要环节(图1—7～图1—12)。

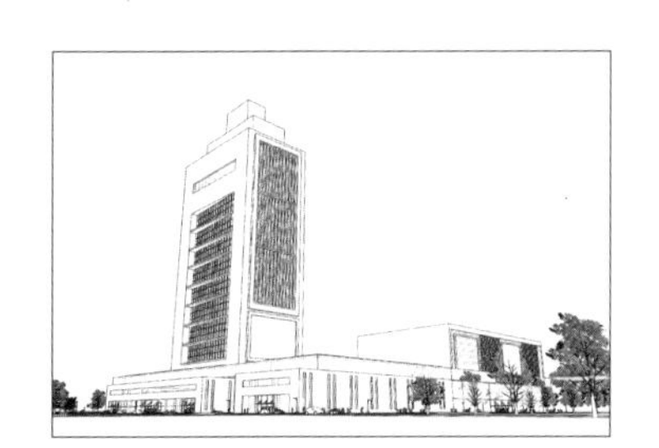

图1—7　距离过近，透视过大

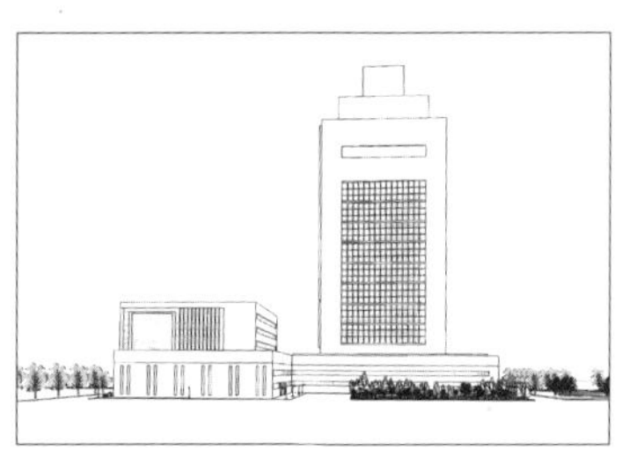

图1—10　建筑主体与画面过于平行

图1—11　整体画面较好

图1—8　建筑外轮廓线重叠

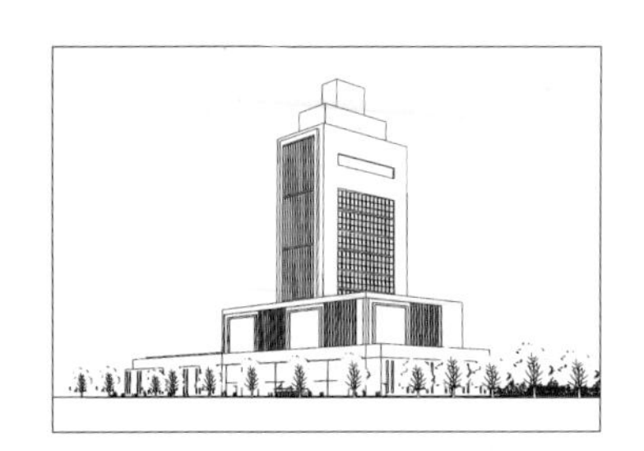

图1—9　建筑主体遮挡过于对称

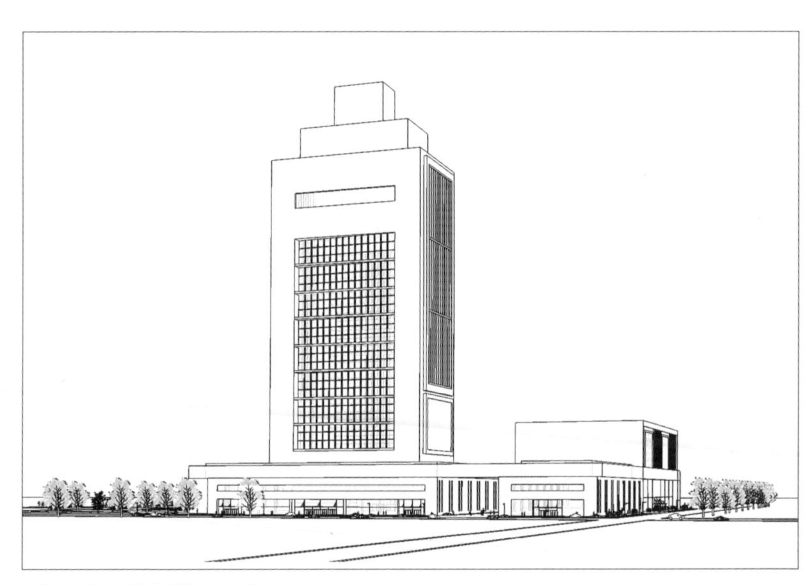

图1—12　整体画面较好

图1—13　山西民居　（王学思　作）

这幅作品表现的是山西古旧民居，主要以线条的排列形成明暗关系。黑白分明，暗部处理较为丰富，有着很强的体积感。

图1—14　山西民居　（王学思　作）

山西石屋选用书法笔，刚劲有力，明暗对比强烈，石头的坚硬感较强，两幅作品刚柔变化特征明显。

图1—15　内蒙古羊舍　（王学思　作）

这幅作品用不同特性的笔表现其特有的线形，从而产生特殊的效果，用中性笔绘制，线条圆润、柔和，土坯效果明显。

2.训练学生的表现能力

建筑速写表现能力的训练也是建筑速写课程的重要内容之一。在表现一个建筑物之前，要把所有画面上可能出现的问题在头脑中进行分析整合，只有在脑海中形成一幅完整画面时才能动手进行速写表现，要做到胸有成竹。如何通过速写形式把建筑及环境更生动形象地表现出来，是建筑速写表现能力训练的目的，是对“手、脑”的快速表现能力的培养。各种线与形的练习要求线条流畅、造型准确，作画时先慢后快。俗话说“熟能生巧”，只有持之以恒的刻苦训练，才能在实际写生中得心应手，提高你的表现能力。在训练过程中我们要注重手、脑、眼三者的协调一致，这样才能循序渐进、逐步地掌握建筑速写的表现技巧(图1—13～图1—15)。

二、建筑速写的意义 ///

建筑速写作为一种单独的艺术表现形式，是进行艺术设计和收集素材的重要手段之一。目前，环境艺术设计多采用计算机绘图，用快捷、方便的照相机收集素材，但它们无法取代速写这种表现形式的地位，尤其不能取代速写过程中徒手绘画训练及灵活多样的表现手法。建筑速写具有简洁、明快、生动和灵活的特点，能够对建筑的主体结构及周边环境进行分析提炼、概括总结，从而领悟设计的精华，活跃设计构思的能力。

通过建筑速写的训练，使学生对建筑造型结构、透视结构、材质、线形、明暗关系、表现技法和审美要求等有充分的理解和认识，解决眼高手低的问题，为今后设计方案的快速表达，准确地体现设计构思奠定良好的基础。

经过多年的教学经验总结，建筑速写表现能力较强的学生往往在后期的专业设计中构思敏锐、透视准确，结构清晰，富有想象力和创造力，造型表现较为生动。反之，建筑速写表现能力弱的学生在设计构思草图表现时不能充分体现出自己的设计构思，反而影响其想象力和创造力的发挥。建筑速写是快速表达的手段，快速表达形式可以迅速提供直观的主体形象，表达设计思想。快速表达能力是对设计方案的研究推敲和构思的表达，也是深入设计过程中沟通和交流的重要手段。所以，我们要充分认识到学好建筑速写的重要意义，为今后的设计学习与工作奠定良好基础(图1—16～图1—22)。

图1—16　威尼斯水城　(刘岩　作)

图1—17　建筑工地写生（学生　李小丽）

图1—18　室内速写　(学生　陈作坤)

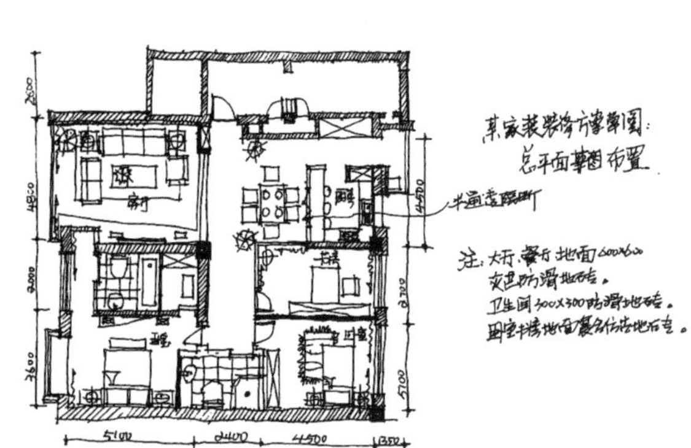

平面布置草图

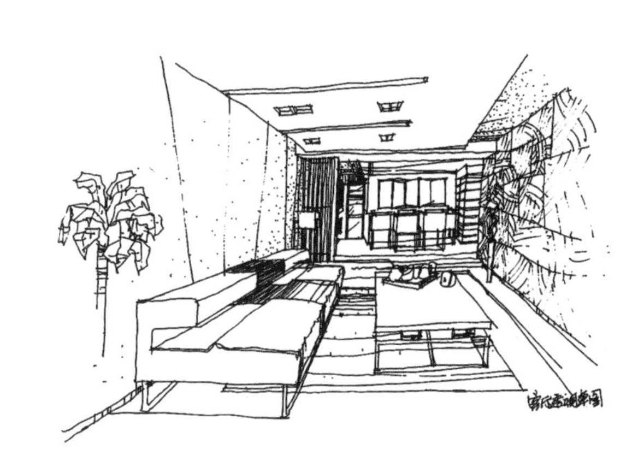

客厅透视草图

餐厅透视草图

餐厅走廊透视草图

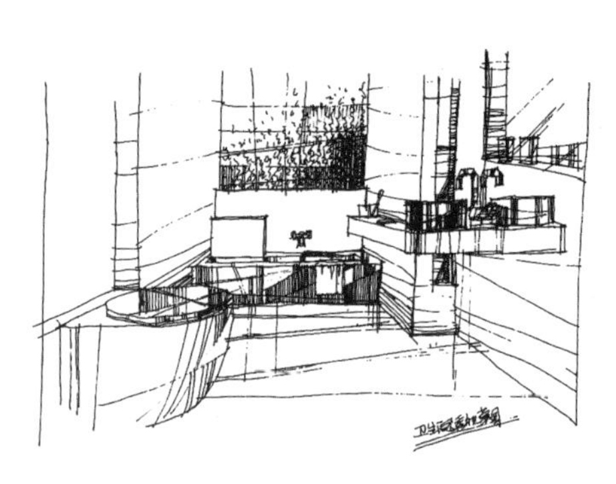

卫生间透视草图

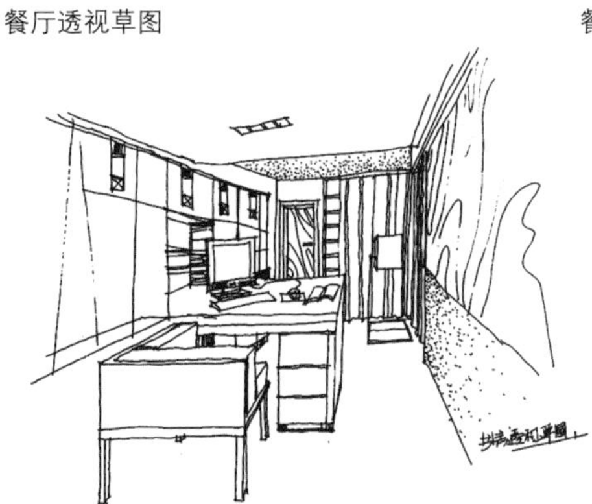

书房透视草图

设计说明：

该业主是一位汽车销售公司地区经理，崇尚德国现代风格，思想活跃，性格又比较严谨细腻，所以运用前卫设计的同时，设计上也要庄重大方。设计主题为"喜新"VS"恋旧"。前者是必须，后者是应该。二者的区分是设计上升到哲学理念。通过各种手法来营造完整、夸张、含蓄、愉悦、趣味、轻松、神秘、迷惑、隐喻等不同的心理环境。强调室内设计的艺术化、人情化和多样化，以达到艺术对人、自然、艺术、精神的有机整合的高度境界。真正实现环境艺术设计对人的终极关怀。

卧室透视草图

图1—19　室内设计方案草图一　（刘岩 作）

设计说明：

设计致力于工业特点，建筑原有形象不变，采用钢制材料，灰色氟碳漆饰面结合石化公司企业文化以红色点缀。

设计主题思路以突出中国石油文化，体现基层班组实践特色为主线，色调以灰、白、红为主要基调，保持建筑原有结构形象（突出工业产业基层车间特色），采用钢制结构天棚造型。基于现场空间有限设计，多采用透明及半透明展示隔板，增加空间延伸感，使小空间有大空间的视觉效果。而木质展示板的设计在混凝土和钢制结构的空间里能够增强一种亲和力，从而体现基层班组团结合作、充满活力、适应性强的班组活力。

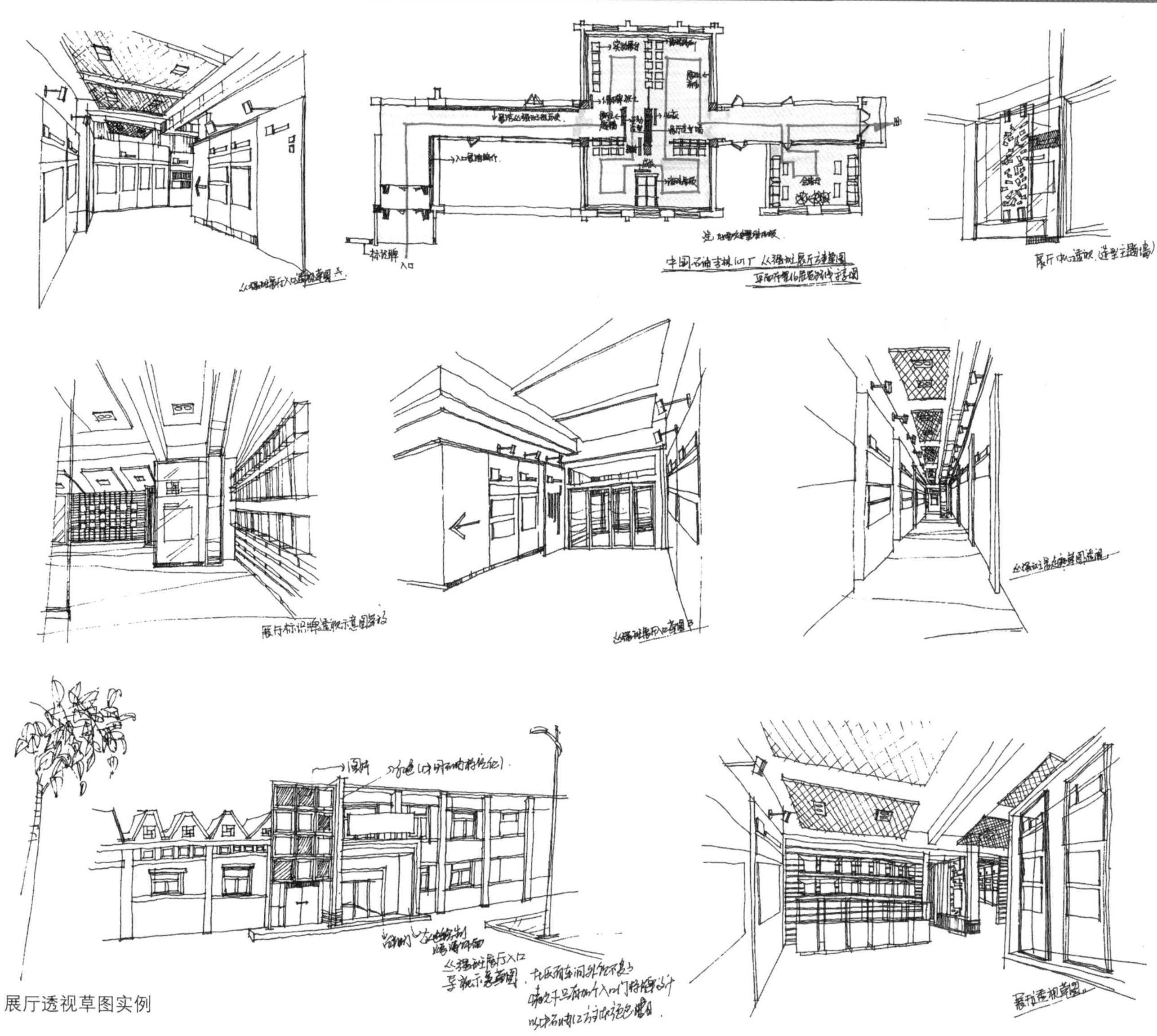

展厅透视草图实例

图1—20　室内设计方案草图二　（刘岩 作）

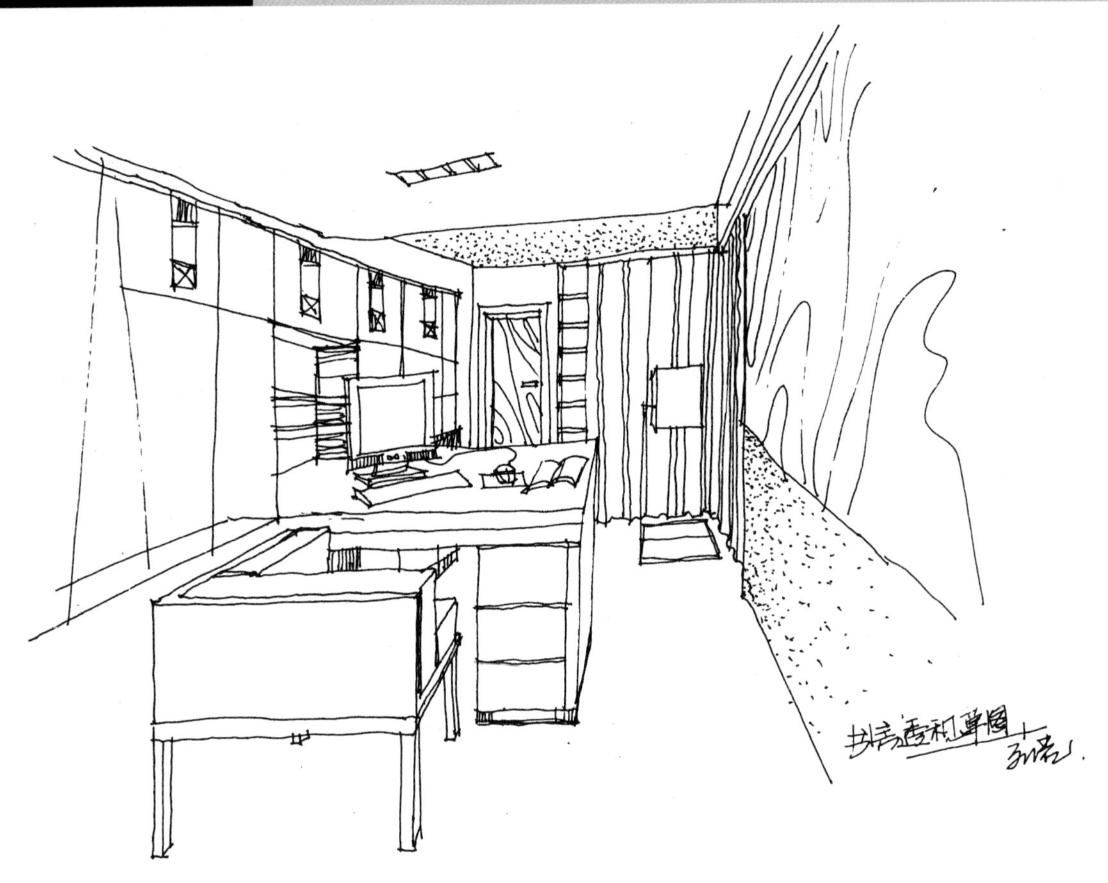

图1—21

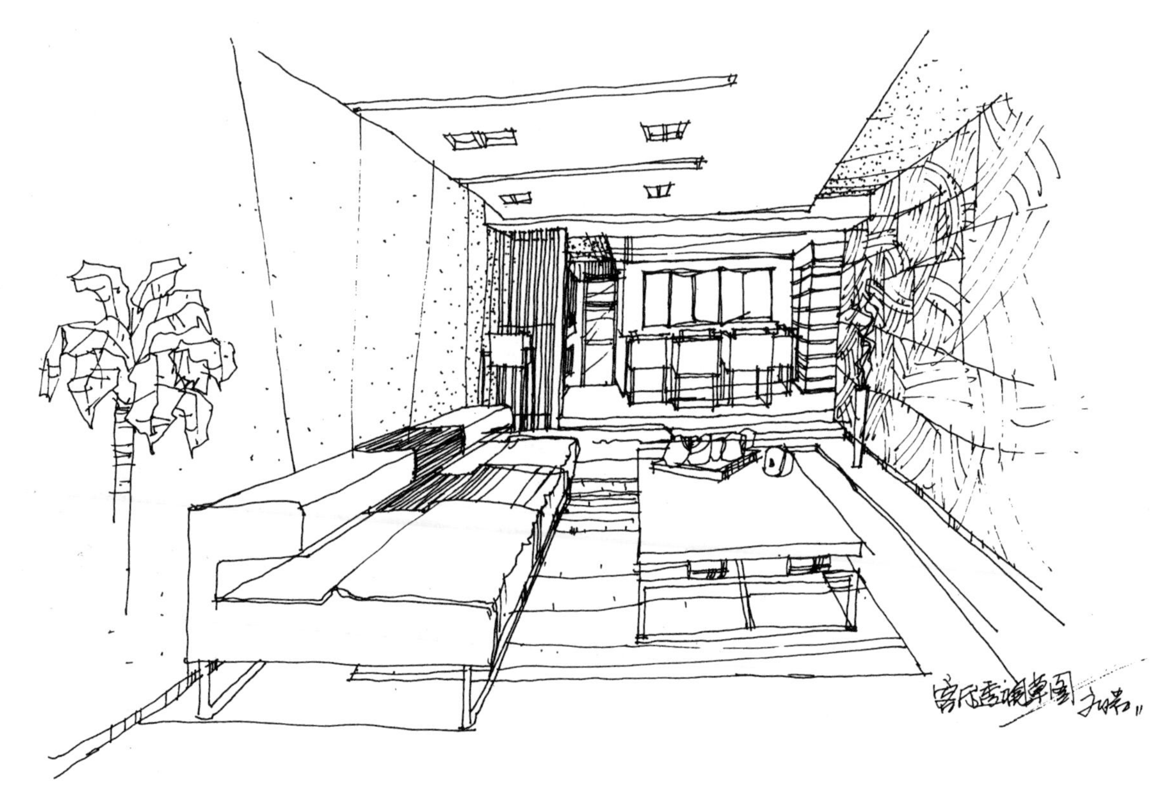

图1—22

2

第二章

建筑速写基础训练

本章要点

- 工具、材料
- 透视方法
- 线条、结构、形体训练
- 建筑速写配景表现
- 静物人物速写练习
- 图片摹写练习

第一节

工具、材料

图2—1　速写工具

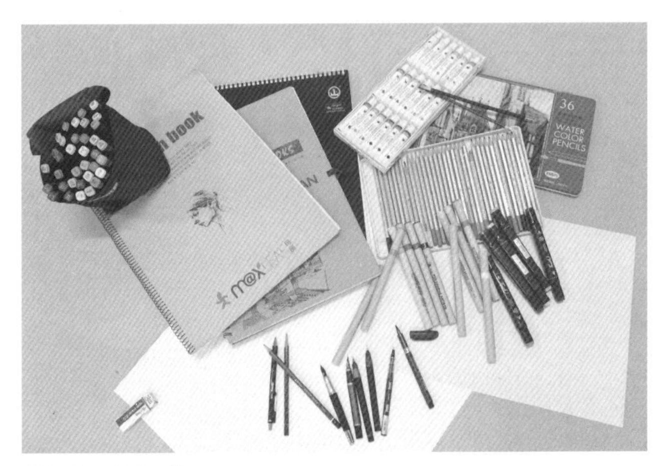

图2—2　速写工具

纸

速写用纸的种类繁多，如复印纸、绘图纸、素描纸、特种色彩纸、卡纸、铜版纸、工程复印纸等都可用做速写，纸张规格也多种多样。我们可根据表现内容及效果的需要，选择不同的纸张获得最佳表现效果。

笔

速写工具常用的笔有铅笔、钢笔、书法钢笔、针管笔、中性笔、马克笔等。不同类型的笔表现效果各有不同。作画者可以根据不同的表现内容和喜好来选择适合自己的笔，以便作画时得心应手地表现建筑内容（图2—1、图2—2）。

· 铅笔

初学者在练习阶段比较喜欢使用铅笔，因为在画错的时候可以反复修改。表现效果可浓可淡，可粗可细，结构明暗变化丰富，黑、白、灰层次分明，体积感强，建筑材质容易表现（图2—3～图2—5）。

图2—3　铅笔表现　（学生　孟慧君）

图2—4　铅笔表现　（学生　孟慧君）

图2—5　铅笔表现（王学思　作）

· 钢笔

钢笔绘画表现强调用线的准确性，粗细均匀，线条流畅，画面表现黑白分明，对比强烈，结构清晰（图2—6、图2—7）。

图2—6　钢笔表现　（王学思　作）

图2—7　钢笔表现　（王学思　作）

· 书法钢笔

书法钢笔绘画表现在写生中富于变化，线条可粗可细，可较大面积地涂黑，明暗对比强烈，所表现的画面点、线、面关系明确（图2—8、图2—9）。

图2—8　书法钢笔表现　（王学思　作）

图2—9　书法钢笔表现　（王学思　作）

·针管笔

针管笔绘画表现常用0.3～0.5mm型号，线条较细，表现建筑细部结构容易，线条有力并富有弹性，表现造型结构清晰，画面严谨，内容丰富（图2-10、图2-11）。

图2—10　针管笔表现　（刘岩　作）

图2—11　针管笔表现　（王学思　作）

·中性笔

中性笔绘画表现常选用0.3～0.5mm型号，粗细适宜，笔尖圆滑，运用自如，线条表现比较稳重，在速写表现中使用较多（图2—12～图2—15）。

图2—12　中性笔表现　（刘岩　作）

图2—13　中性笔表现　（刘岩　作）

这幅作品使用中性笔，线条流畅简洁，可画出建筑造型结构，并不单调，线条疏密变化有致，透视效果明显，建筑局部概括，整体效果比较好。

图2—14 圣彼得堡 （王学思 作）

图2—15 圣彼得堡街景 （王学思 作）

第二节

透视方法

一、透视基础知识 ///

透视学是绘画与设计专业的一门技法理论知识，是建筑速写必备的基本技能。透视是研究表现立体物象在画面上近大远小有规律变化的基本知识，通过这些规律的掌握可把实际景物或设计表现图真实客观地呈现在画面上。在绘画写生中要想正确地表现物体或建筑时，很重要的一点就是把握好透视规律。由于观察物体及建筑物的角度不同，如远近、高矮、宽窄等都会产生不同的透视角度，准确地掌握透视规律，就能较真实地反映特定或预想的环境空间效果。

在设计表现图绘制过程中，经常借助绘图工具来进行表现，但是在建筑写生中就要通过徒手画法来表现透视效果。在绘画中要掌握透视的基本特征，当外界物体反映到我们的眼睛时，我们就能感觉到它的轮廓、体积、形状、大小、高矮、长短等变化。人们走在街道上只要稍微留意观察一下街景，就会发现一些显而易见的现象：形状大小相同的物体，如路灯、汽车、行人等，处于近处的大，远处的则小。同样距离的物体，近处间隔大，而远处的间隔小而密，直到最后汇成一点。街道两旁的建筑物也是如此，虽然有大小形状等变化，最终也都是汇集于一点。这些都是我们需要了解的透视现象，透视的准确与否对于建筑写生画面表现效果来说是至关重要的，透视不准确会产生矛盾空间，给人以视觉上不舒服、不真实的感觉。所以熟练掌握透视规律，加之正确的绘图方法，才能迅速准确地表达作者的设计意图。

图2—16

透视方法是用绘画表现手法在纸面上对立体物象绘制三维的空间效果，要根据所表现的建筑物角度和距离来选用合适的透视方法。如一点透视（平行透视）、两点透视（成角透视）、三点透视和徒手表现透视。

二、一点透视 ///

如果物体有两个主向与画面平行时，就必然有一个消失点，这样的透视称为一点透视或平行透视。就所利用几个简单的立方体来分析透视变化的结果，首先要有一条视平线，其灭点要在视平线上。从正面看（图2—17）这几个立方体与画面垂直，透视线都交于一点，消失点决定了画面上所有透视线的方向。

一点透视在建筑写生中经常表现多个建筑的街景，能充分表现出建筑物的进深感。内容体现得更为广泛，构图比较稳重。在室内透视表现中，一点透视要比其他透视方法体现空间环境宽阔，展示的内容较为全面，进深感较强。

一点透视不足之处是其表现对象及视角选择的不好，画面会显得呆板，表现建筑物的体积感会减弱（图2—18、图2—19）。

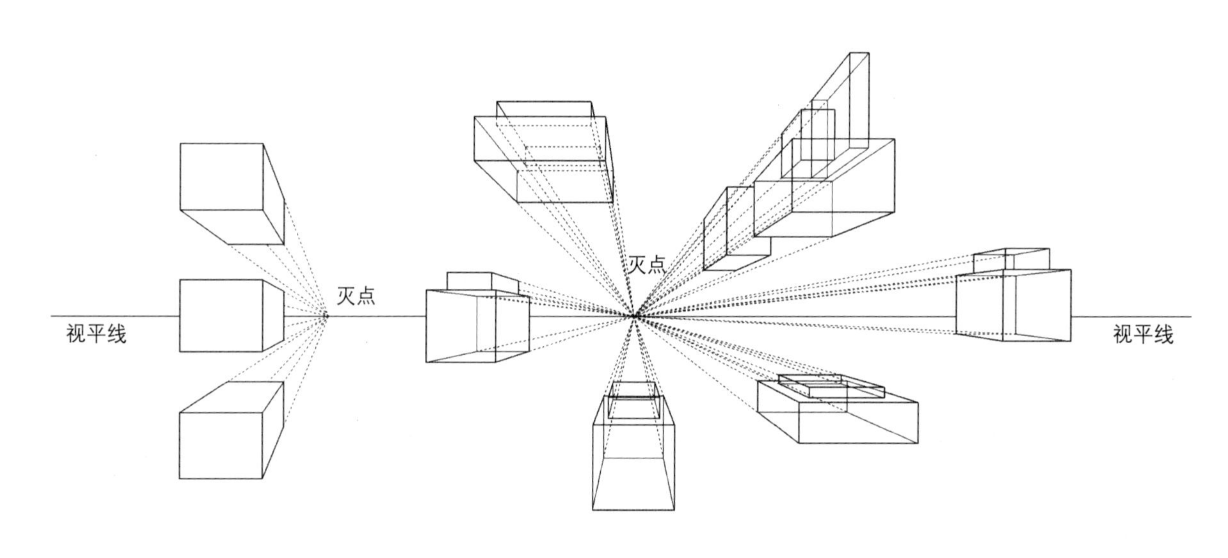

图2—17 一点透视

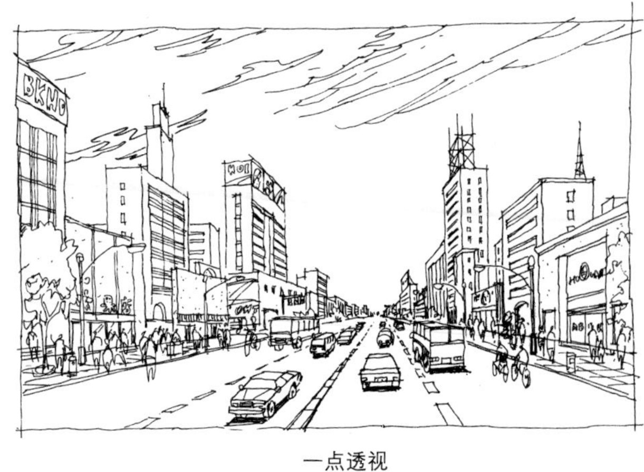

一点透视

图2—18

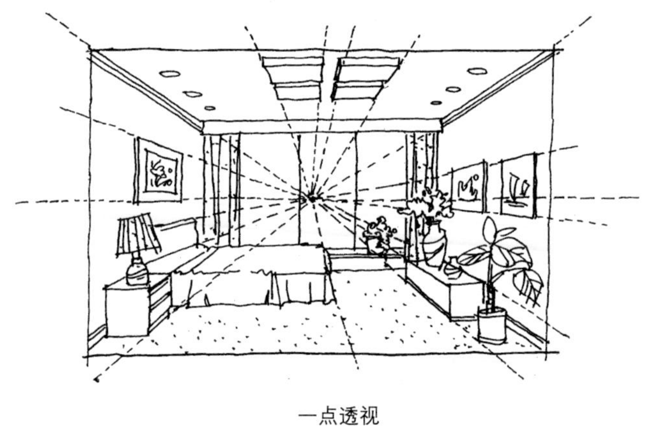

一点透视

图2—19

三、两点透视 ///

我们仍以几个立方体为例，对两点透视进行分析。如果建筑物仅有垂直轮廓线与画面平行，而另外两组水平的主向轮廓线均与画面斜交，就必然在视平线上产生两个灭点，这样的透视称为两点透视（成角透视）。在写生中，由于观察的角度不同会产生不同的透视效果。当我们利用两点透视表现一个建筑物时，会使建筑物产生很强的立体感，较之一点透视表现得更生动、自然、活泼，因此它在建筑速写中运用较多（图2—20～图2—22）。

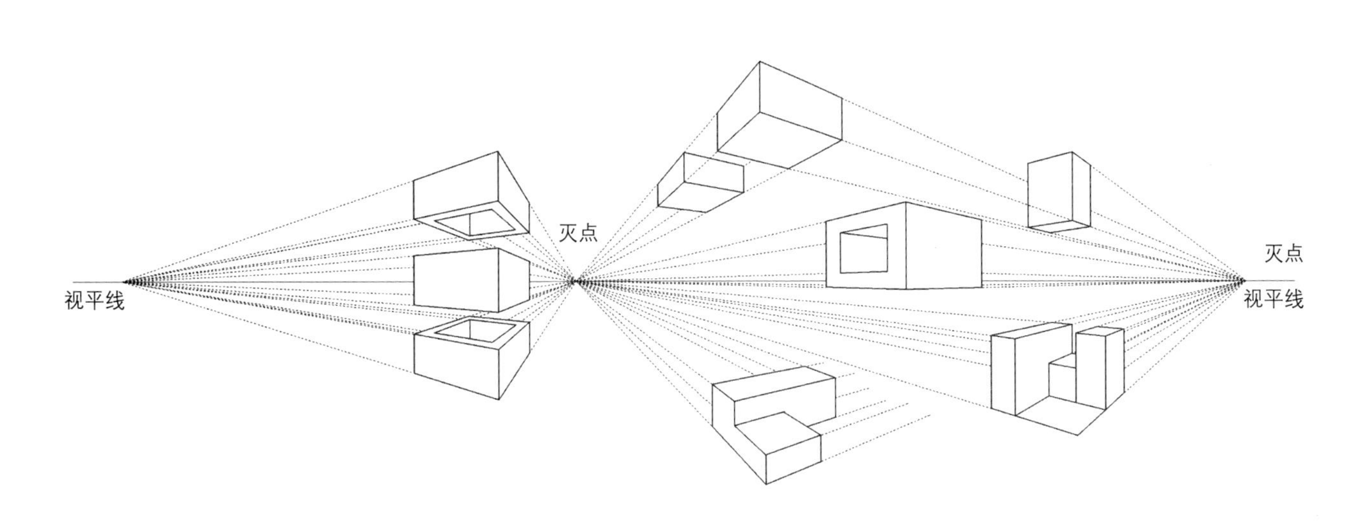

两点透视

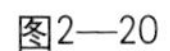
图2—20

两点透视

图2—21

图2—22　圣彼得堡　（王学思　作）

四、三点透视 ///

三点透视也称之为斜角透视，它适用于高层建筑的描绘和表现。在建筑物上方看会形成俯视状，在建筑下方向上看会形成仰视状，这两种情况都会产生三点透视。这种透视方法适合绘制建筑鸟瞰全景图和仰视图（图2—23～图2—25）。

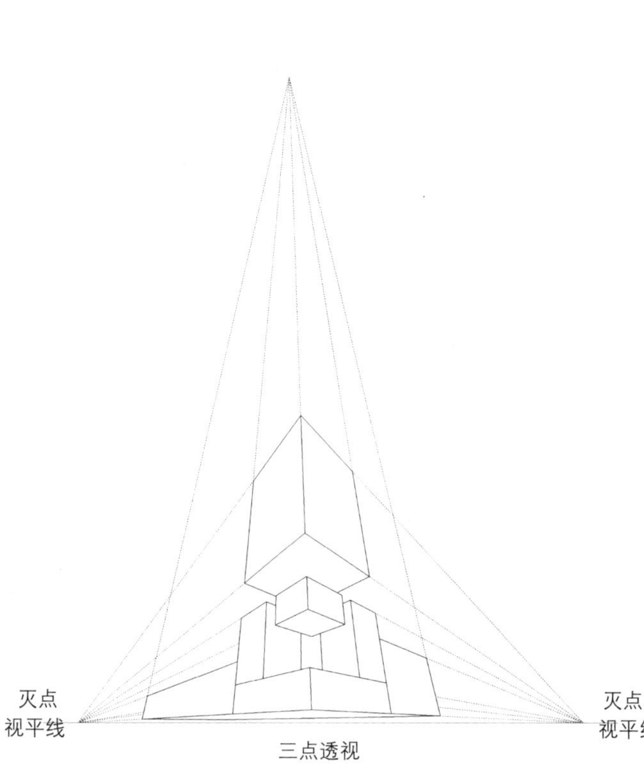

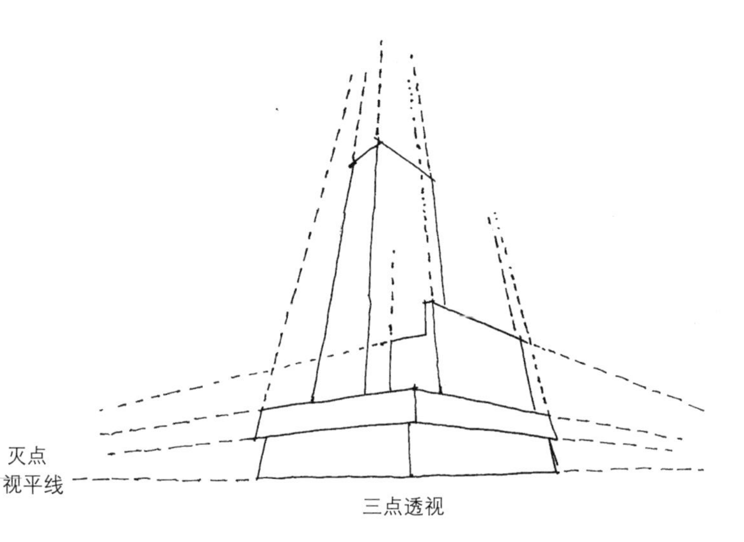

图2—23

图2—24

图2—25　学生作品

五、徒手表现透视 ///

徒手表现透视是在掌握透视原理的基础上不借用绘图工具的绘图方法。这种方法可训练学生的手眼协调能力，遵循透视规律准确落笔。在训练时首先选择一些建筑图片或去室外拍一些不同角度的建筑照片，进行徒手透视分析训练，可使学生在表现透视时用较慢的速度来进行，减少学生表现透视不准确的压力。这样就可以当学生透视还不准确时便于反复修正，待透视准确时再进行实地写生，效果会更好（图2—26～图2—28）。

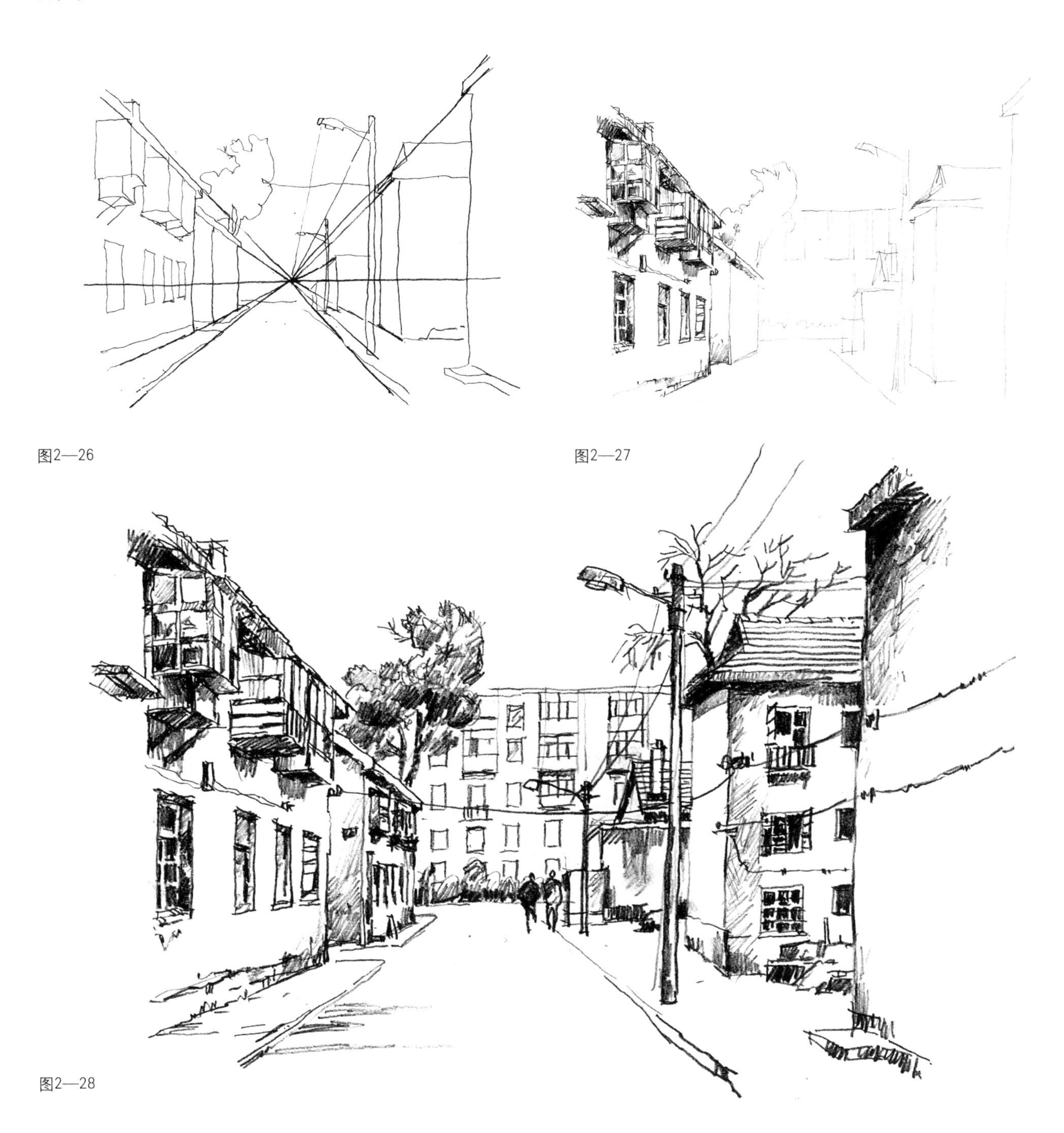

图2—26

图2—27

图2—28

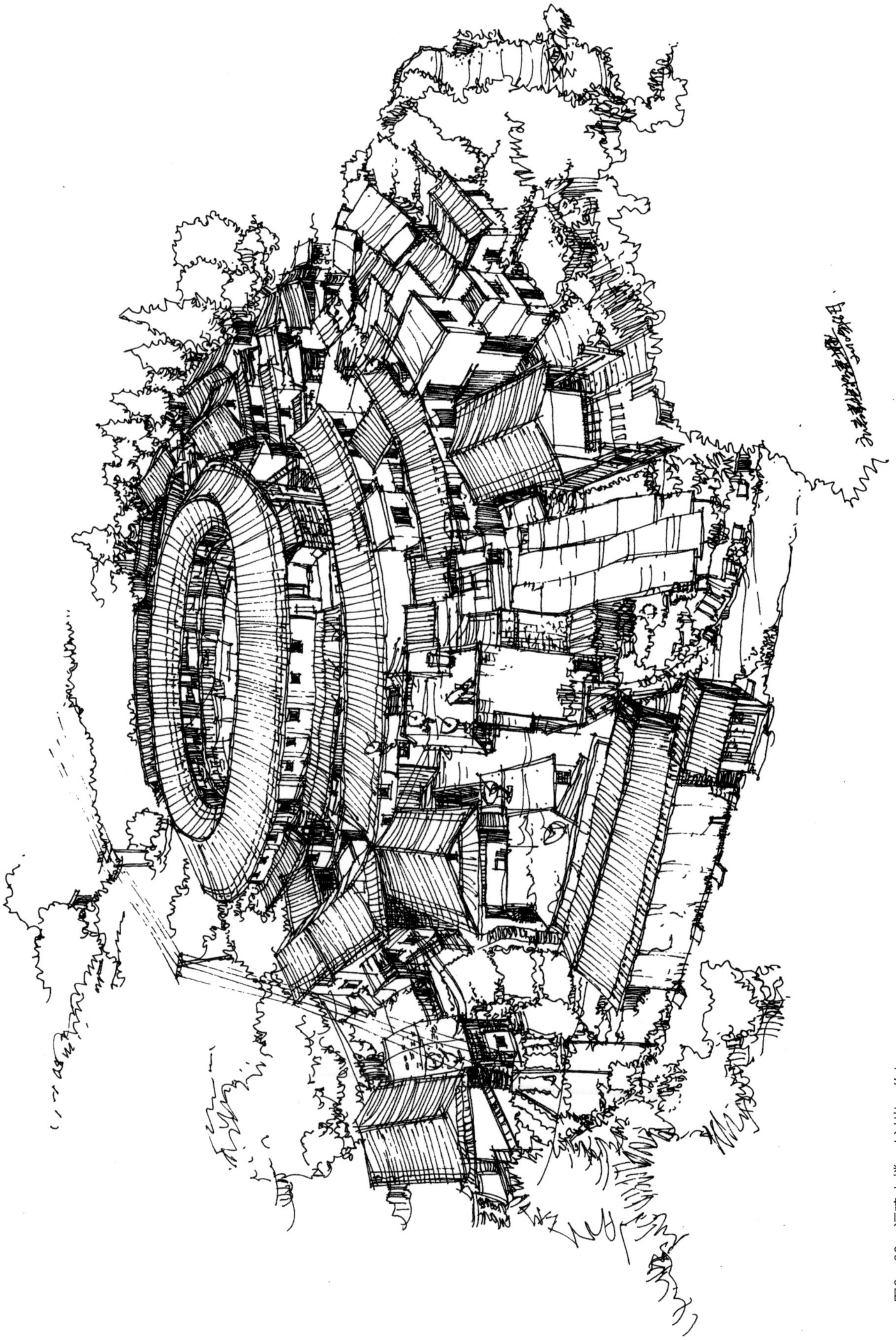

图2—29　福建土楼　（刘岩　作）

这幅作品构图严谨，线条处理疏密有致，主次分明，整体把握画面效果，形体结构透视准确，整体画面比较生动。

第三节

线条、结构、形体训练

建筑速写是否生动，线条是否准确，画面是否富有生命表现力，结构透视是否正确，在进行实地写生时，基础训练是非常重要的。

建筑速写是以较快的速度来进行建筑绘画表现的一种形式。速写的构成是以线作为主要因素来描绘各种形体，所以在线与形的训练中十分重要。流畅的线条、准确的形体表现会在实际写生中对画面效果产生重要的影响（图2—29、图2—30）。

图2—30　福建土楼　（王学思　作）

一、线形练习 ///

线形练习是画好建筑速写的重要环节之一，是建筑速写的构成因素。通过各种线条长短、曲直、粗细、疏密、轻重、明暗、节奏等变化，绘制出具有生命力的速写作品。各种线形的练习都有一个熟练的过程，对初学者而言，画线时手会经常发抖，一条线画下来会有很多反复的笔触，画面显得很不干净利落，很难控制线的方向，画线不直，画方不方，画圆不圆，精神紧张。这样会直接影响画面质量、整体建筑的形体结构与造型的准确程度。所以在训练时情绪要放松，手、脑、眼要相互配合，协调一致。长线不要一气呵成，要分段完成。所画的长线可能会出现短距离弯曲的问题，那么要及时修正，要求画的长线总体看来是直的，注重线的主流方向。只有注重扎实的基础训练，才能在今后的建筑速写中得心应手（图2—31～图2—34）。

图2—31　各种线条练习

图2—32

图2—33

图2—32、图2—33这两幅图运用不同的线形表现山石，产生不同的效果。在线形选择上可根据山石的特点选择线形。

图2—34 各种线形练习

二、多种形体练习 ///

线的练习固然重要，但最终目的是用线来组织形体表现各种建筑造型的。面的转折又会形成多种形体。那么，建筑是由设计师通过理性思维，结合运用形体的穿插组合而产生的各种不同的建筑造型。所以各种形与体的训练就会在建筑速写表现中起到非常重要的作用（图2—35、图2—36）。

图2—35

这幅作品中心建筑是运用几种形绘制而成，其中有方形、梯形、三角形、半圆形所构成。通过各种形的组合训练过程，在写生中会提高表现建筑的准确性。

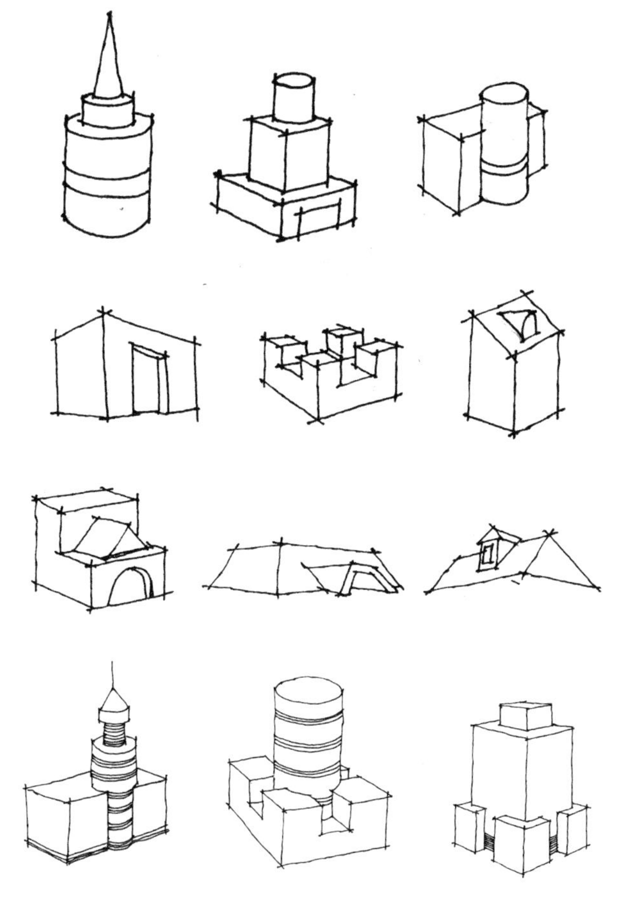

图2—36 各种形体练习

三、材质表现 ///

在建筑速写中，表现建筑物墙面、地面和其他物体时，材质的体现也很重要。主要表现的材质以明显材质为主，如大理石、毛石、石墙、砖墙、木材、金属等，其材质能直接传达建筑物的质感，运用点、线、面对不同的材质特征进行勾画处理，既能突出表现不同材质特征，又能赋予建筑速写整体画面的生命力（图2—37、图2—38）。

图2—37

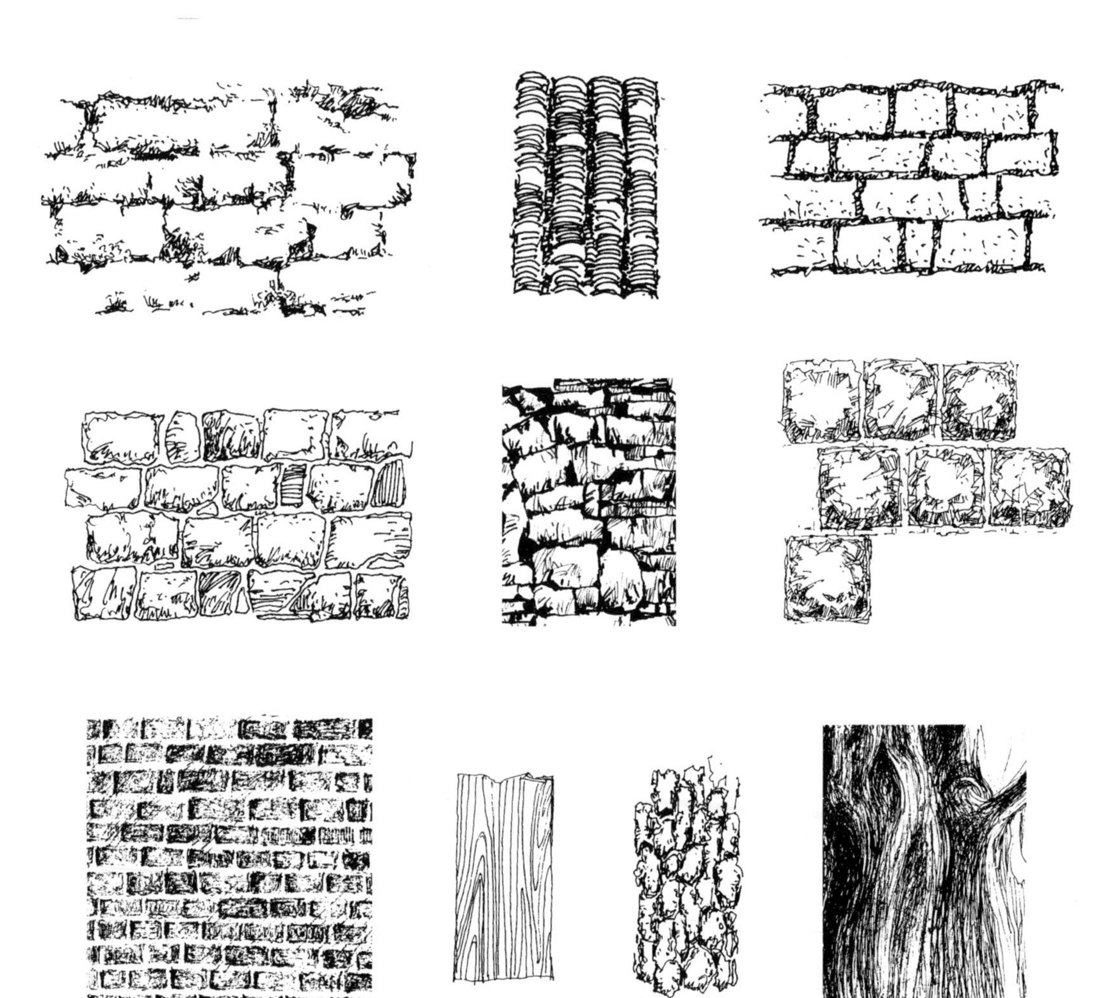

图2—38

第四节

建筑速写配景表现

一、主体与配景 ///

一个完整的建筑速写，建筑主体与配景好比骨肉关系，建筑速写配景对表现建筑主体起着调解和烘托气氛作用，是整体画面的重要组成部分。一个建筑主体若缺少配景，则直接影响画面“生命迹象”，显得不生动，因此处理好配景与主体关系至关重要。除了主体建筑外，其他物体都可以称之为配景。如人物、植物、家具、路灯、汽车、天空、山水及远景建筑等。配景在画面上处理的过多过细都会喧宾夺主，处理的过少或过于简单又会使主体建筑孤立无援，整体画面不协调、不生动。我们要根据画面布局的主次关系对配景在画面上的多少进行增减、移置做出合适的调整。局部画面处理要服从整体画面的需要，从而达到整体画面主体突出，环境配景处理得当的最佳画面效果（图2—39）。

图2—39　苏州园林　（王学思　作）

二、人物、植物、家具、汽车、天空、山水的表现方式 ///

图2—40

1.速写中的人物表现

建筑速写是以建筑为主的一种表现形式，人物在画面的建筑环境中也成了配角，成为配景的一部分，为活跃整体空间环境起着十分重要的作用。人物在建筑环境中是多个移动的点，有单体，有组合，有疏有密，有远有近。在建筑速写表现中人物不要表现得过于具体，尽量避免人物过大或画头像和半身的效果，这样会把视觉转移到人物身上，从而影响建筑主体的表现效果。人物表现以概括为好，也可根据画面情况对五官服饰略有表现，但要适当。虽然是概括，但基本形态动势和人物比例一定要准确（图2—40～图2—42）。

图2—41

图2—42　人物表现图例

2.植物表现

植物是建筑速写中的主要配景，一是可以生动画面效果，二是起着均衡画面的作用。如果在画面表现过程中偏左或右，重量失调的情况下，我们就可利用植物来进行画面平衡。在表现高大建筑物时一定要注意植物与大厦的比例关系。在建筑速写中,植物的表现可为空间增添气氛，使整体画面效果生动富有活力（图2—43～图2—46）。

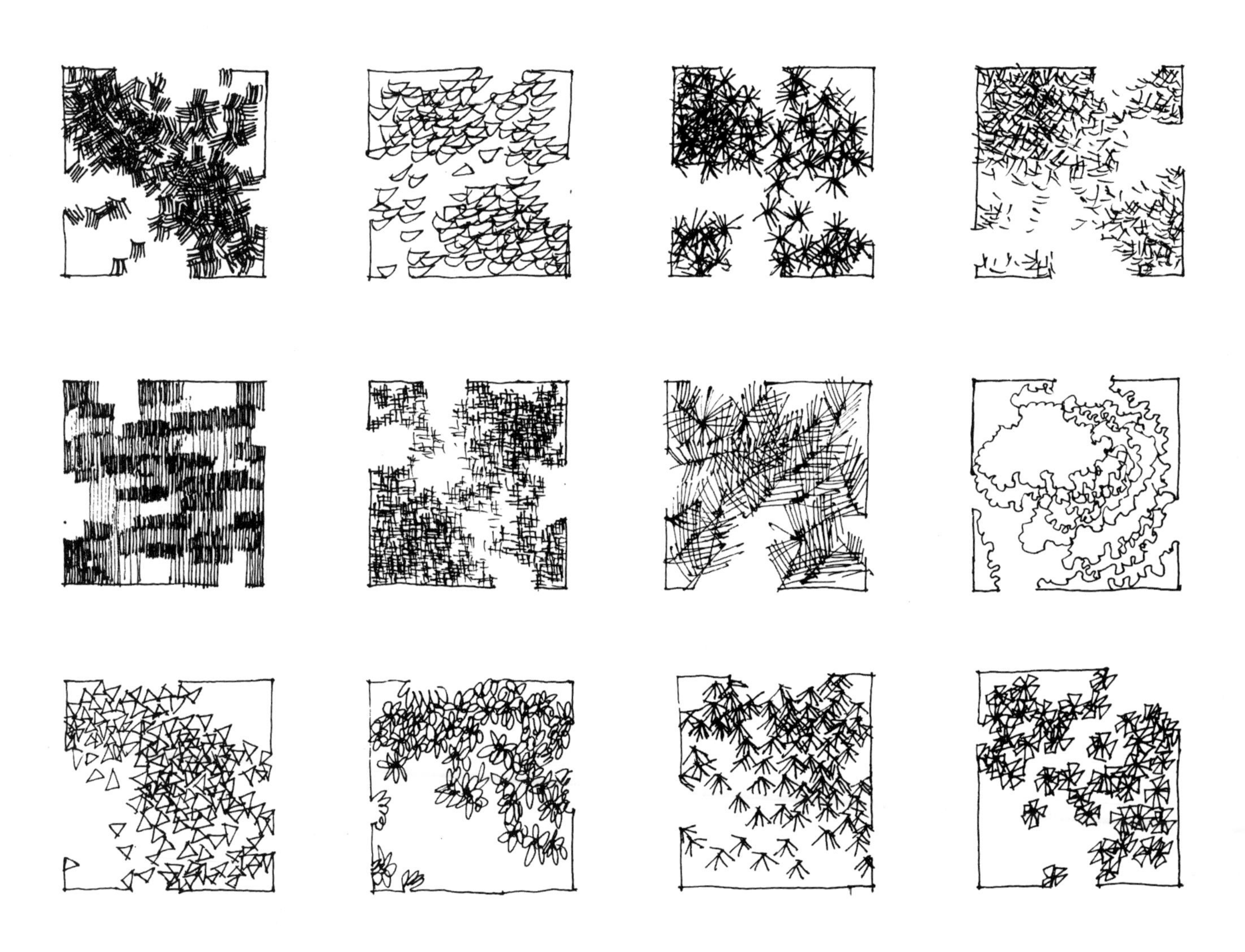

图2—43　植物表现图例

图2—44　室内植物表现图例

图2—45　植物表现图例

图2—46　植物表现图例

3.家具表现

家具是建筑室内空间中重点表现的物体，包括公共环境和居住环境中的家具。家具造型的多样化会给室内空间带来不同的特色和风格。因此速写中家具的表现显得尤为重要（图2—47、图2—48）。

图2—47　家具表现图例

图2—48　家具表现图例

4.汽车表现

汽车是建筑速写中常见的重要配景。汽车在画面中虽然是静止的，但它可使宁静的画面产生一种动感，从而调整画面的生动气氛（图2—49～图2—52）。

图2—49　汽车表现图例

图2—50　汽车表现图例

图2—51　汽车表现图例

图2—52　汽车表现图例

5.天空表现

在建筑速写画面中对天空的表现多用于大场景和表现高大建筑物，是对画面中大面积空白通过云的多种形态来补充，使较为单调的建筑画面空间层次丰富起来，更好地衬托建筑主体（图2—53）。

图2—53　天空表现图例

6.山、石、水表现

建筑速写中，山、石、水是衬托建筑主体的环境因素，对远山、园林建筑中的小山石、水体的表现都能对画面整体效果起到烘托作用（图2—54、图2—55）。

图2—54　山石表现图例

图2—55　山水表现图例

第五节

静物、人物速写训练

静物、人物速写练习是实际写生的前期训练。其目的是使学生运用简洁流畅的线条和准确的造型，迅速捕捉要表现静物的主要特征，运用提炼、概括、取舍的方式，精确地表现静物的主体和对构图组织的分析与研究。在表现速写人物时，对人物的结构比例、动态和重心平衡要有所掌握，还要掌握人物的各种动态特征，以线条的长短、疏密、流畅和衣纹组织等手法，表现人物的生动性，增强画面的表现力（图2—56～图2—72）。

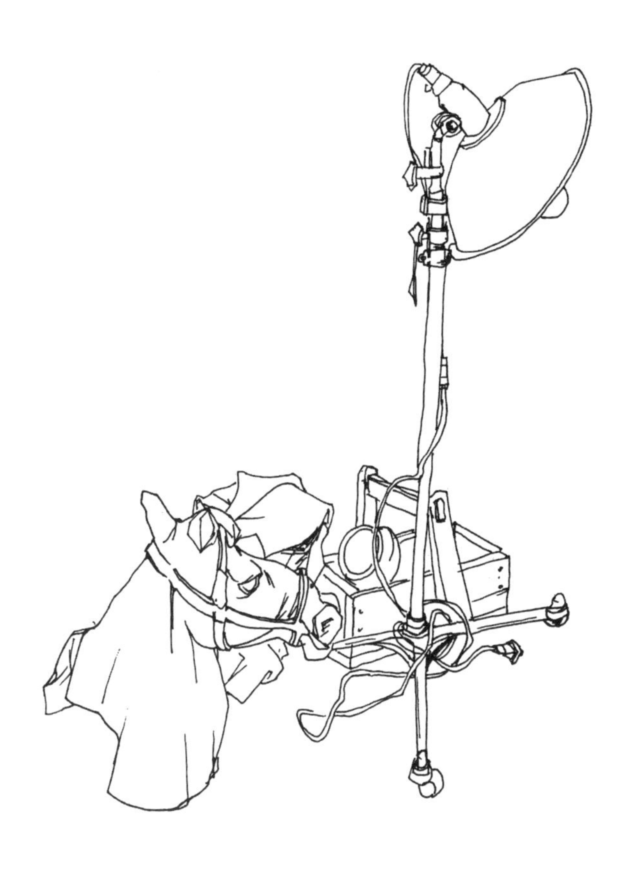

图2—56　课堂基础训练　（学生　曹扬）

图2—57　课堂基础训练　（学生　曹扬）

图2—58 课堂基础训练 （学生 王庄）

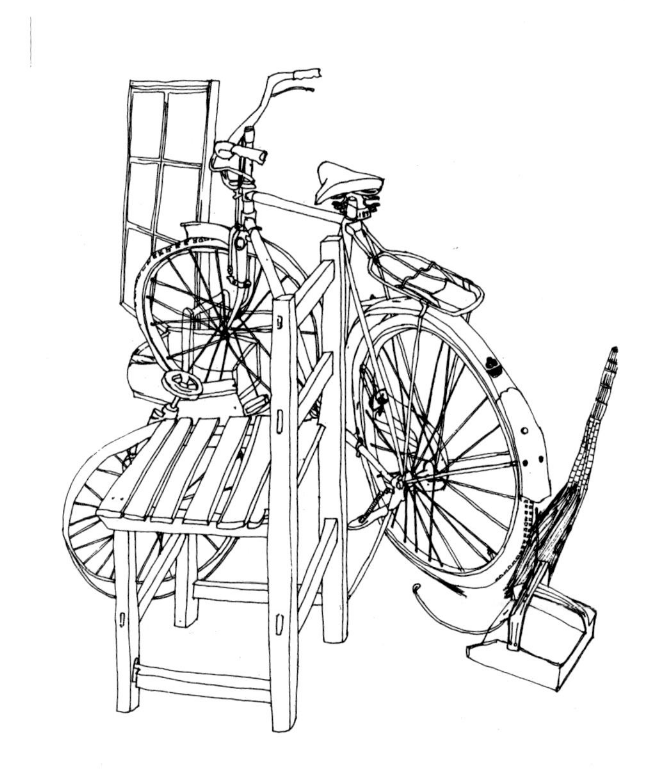

图2—59 课堂基础训练 （学生 刘璇）

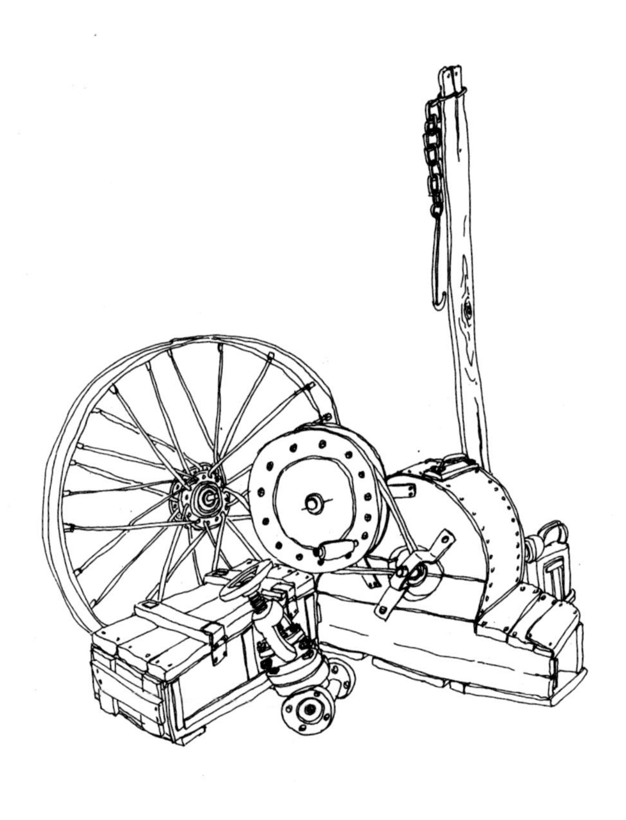

图2—60 课堂基础训练 （学生 王琳）

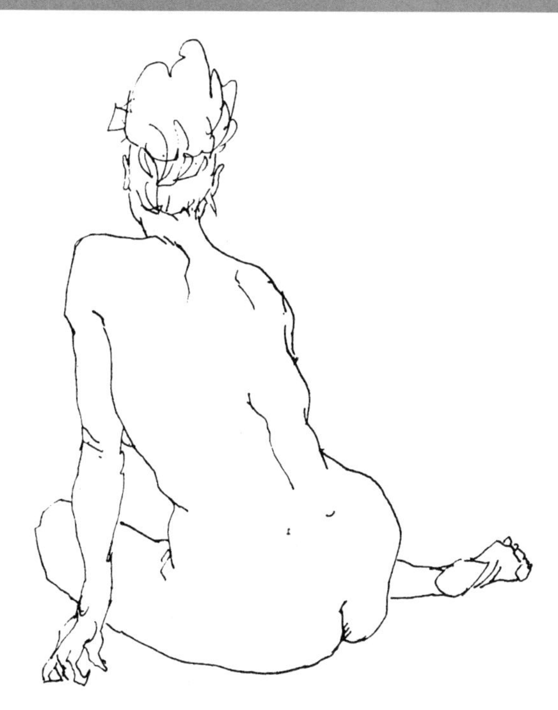

图2—61 人体速写 （王学思 作）

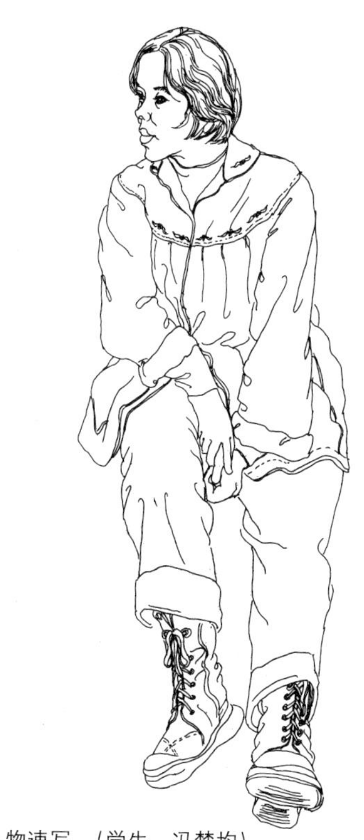

图2—63 人物速写 （学生 冯楚均）

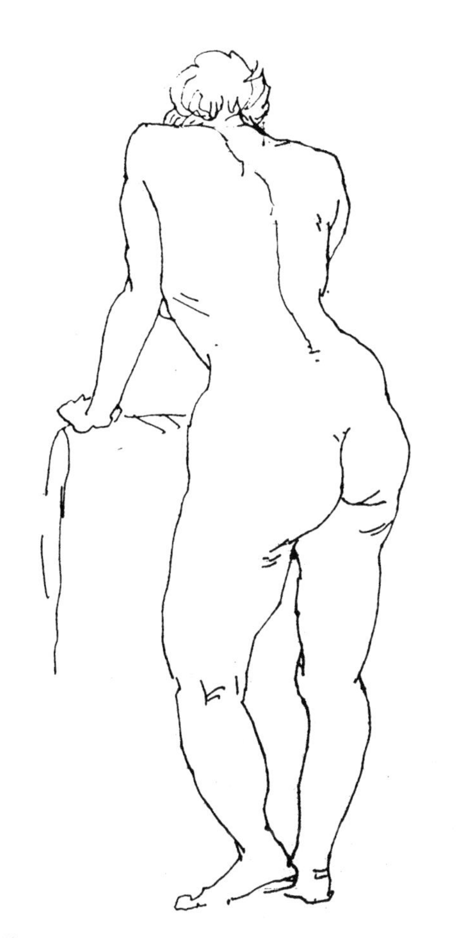

图2—62 人体速写 （王学思 作）

图2—64 人物速写 （学生 王琳）

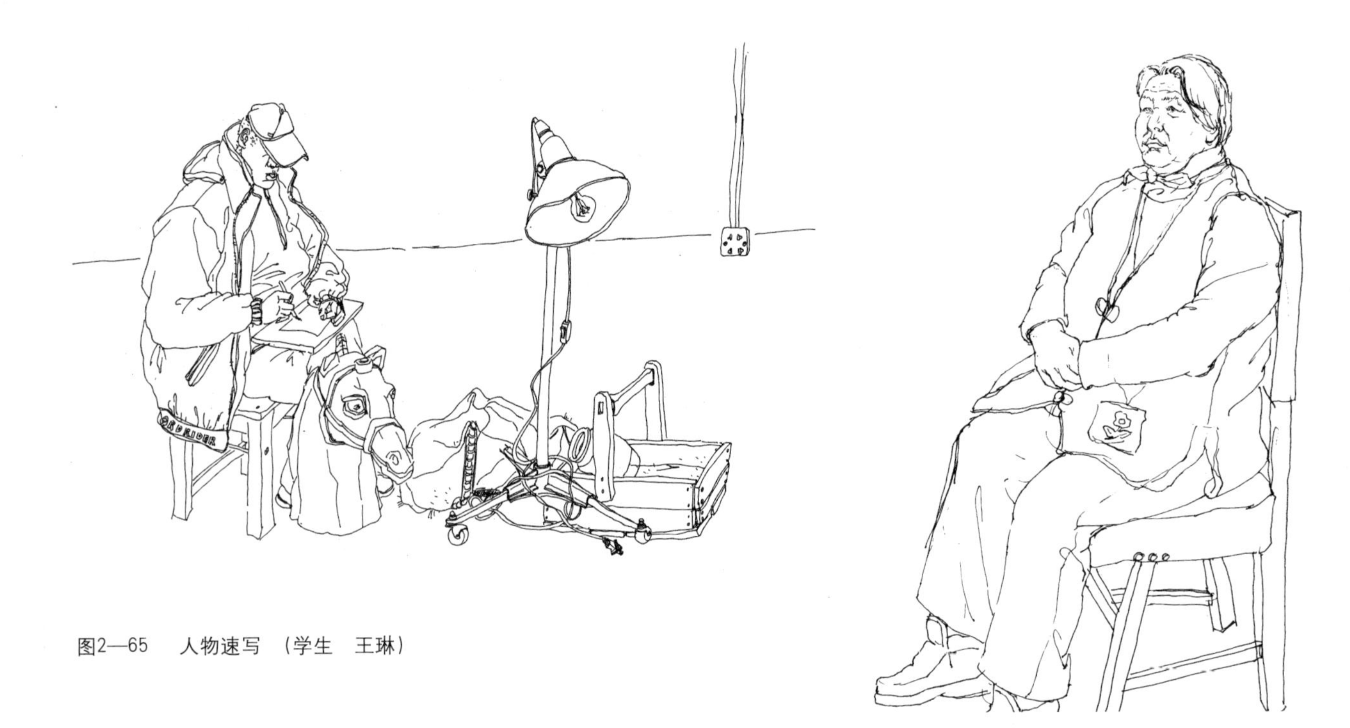

图2—65　人物速写（学生　王琳）

图2—66　人物速写（学生　刘付）

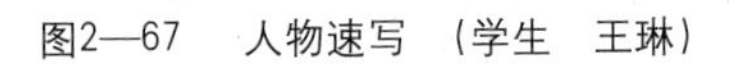

图2—67　人物速写（学生　王琳）

图2—68　人物速写（学生　王琳）

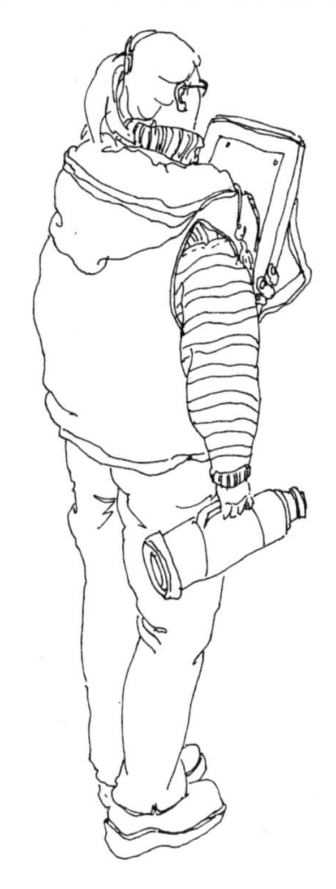

图2—69 人物速写 （学生 闫冬）

图2—70 人物速写 （学生 王琳）

图2—71 人物速写 （学生 王琳）

图2—72 人物速写 （学生 吕卓联）

第六节

图片摹写练习

图片摹写练习是参照国内外优秀速写作品和室内外建筑图片进行摹写，通过临摹的手段可以学习和掌握多种表现技法，从中摸索出各种建筑的表现方法。反复摹写还可以总结出自己的表现风格（图2—73～图2—75）。

图2—73　照片摹写训练（学生 黄桐）

图2—75　照片摹写训练（学生 赵志）

图2—74　照片摹写训练（学生 张雅丽）

3

第三章

建筑速写构图规律

本章要点

- 构图视角的选择
- 构图方法
- 构图形式的选择

构图要根据表现内容在画面上进行合理的布局，也就是说要把表现对象安排在画面适当的位置，获得最佳的表现效果。我们在表现一个建筑与环境时不可能把所有看到的景物全部表现出来，在写生中要根据构图的需要适当的提炼，取舍一些对画面构图有影响的或不必要的东西，把想要表现的对象设为主体，加上相关的配景，增加画面的活力。近、中、远，实与虚，可使画面层次分明，主次明确，主体突出，统一协调（图3—1～图3—6）。

图3—1　苏州园林　（王学思　作）

图3—2　近景　（王学思　作）

这幅画是1991年写于大连，是个老旧的别墅，目前可能已不存在。但是它可记录老建筑的特点与风格。作品用针管笔和书法笔结合表现，突出画面的生动感。

图3—3　中景　（王学思　作）

图3—4　远景　（王学思　作）

这幅作品是圣彼得堡涅瓦河对岸的建筑，建筑局部结构看不清楚，表现起来比较难，只对建筑的外轮廓造型及明暗对比较强、高低变化有别的部分加以描绘，建筑主体突出，错落有致，较好地表现了俄罗斯建筑风格。

图3—5　虚实变化　（王学思　作）

图3—6　圣彼得堡（王学思　作）

这幅作品表现的是圣彼得堡夏宫中的建筑之一，中景建筑表现较为充分，近景表现相对概括，这样就会把视点引向中景，突出建筑最漂亮的部分，同时又保持了画面的平衡。

第一节

构图视角的选择

建筑速写不能见什么画什么，要根据自己对所要表现的景物是否有强烈的表现欲望，它的造型结构特征及周边配景是否有很强的视觉冲击力。当我们要把建筑落笔于画纸上时，必须考虑对建筑主体的整体构图安排。这时就要选择能体现建筑特征的最佳表现角度，分析建筑主体和前后左右的配景关系后，方可进行写生（图3—7）。

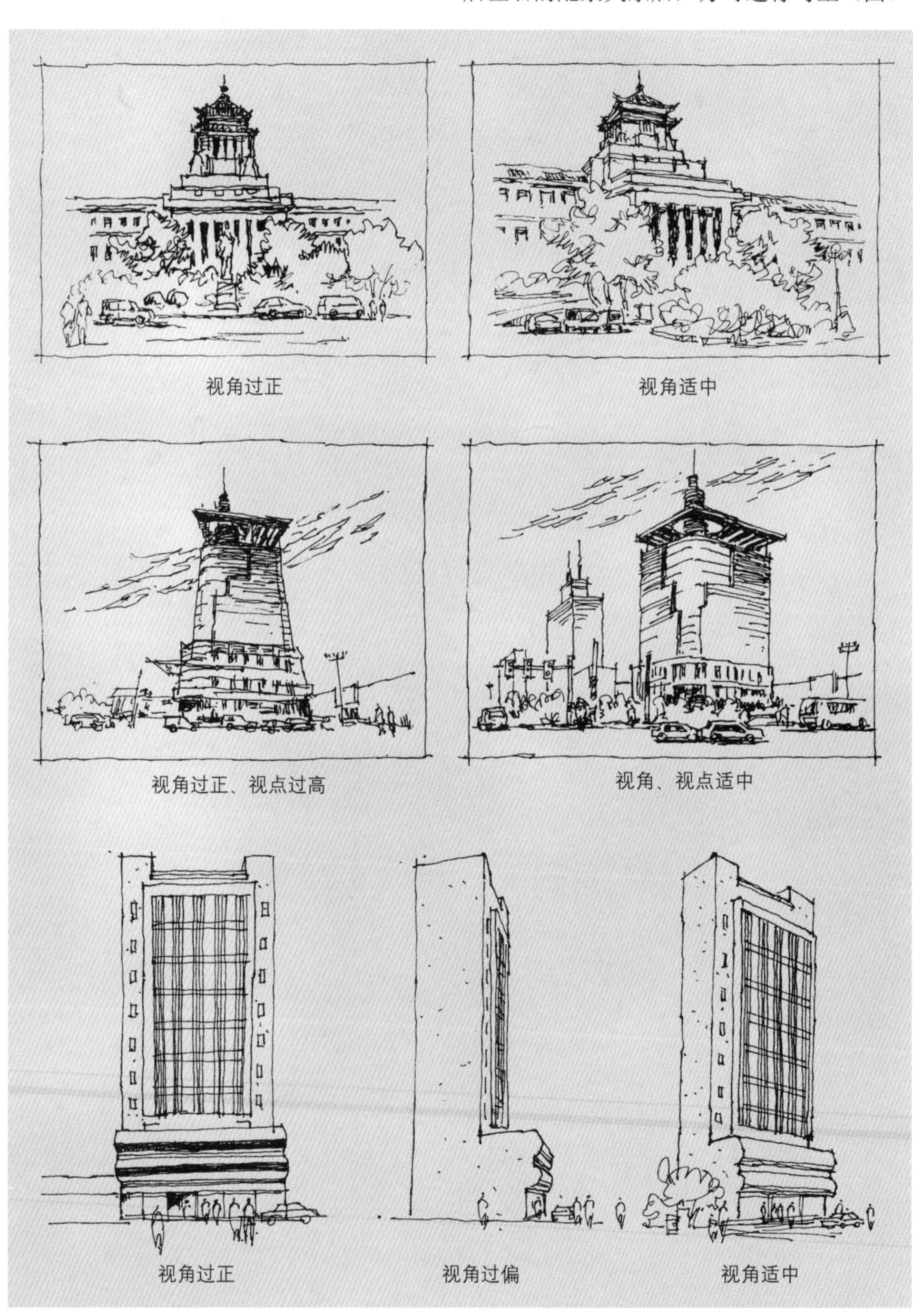

图3—7　构图视角分析图例

第二节

构图方法

对于建筑速写来说，构图是把看到的实际景物在一定的空间范围内通过理性归纳整理，归缩在一张纸上，构成一幅统一完美的画面。建筑速写构图，突出主要表现物体，配景可以有增有减，有远有近，有疏有密，生动为佳。正确地运用构图规律配合熟练的表现技巧，就会迅速地提高建筑速写的质量（图3—8、图3—9）。

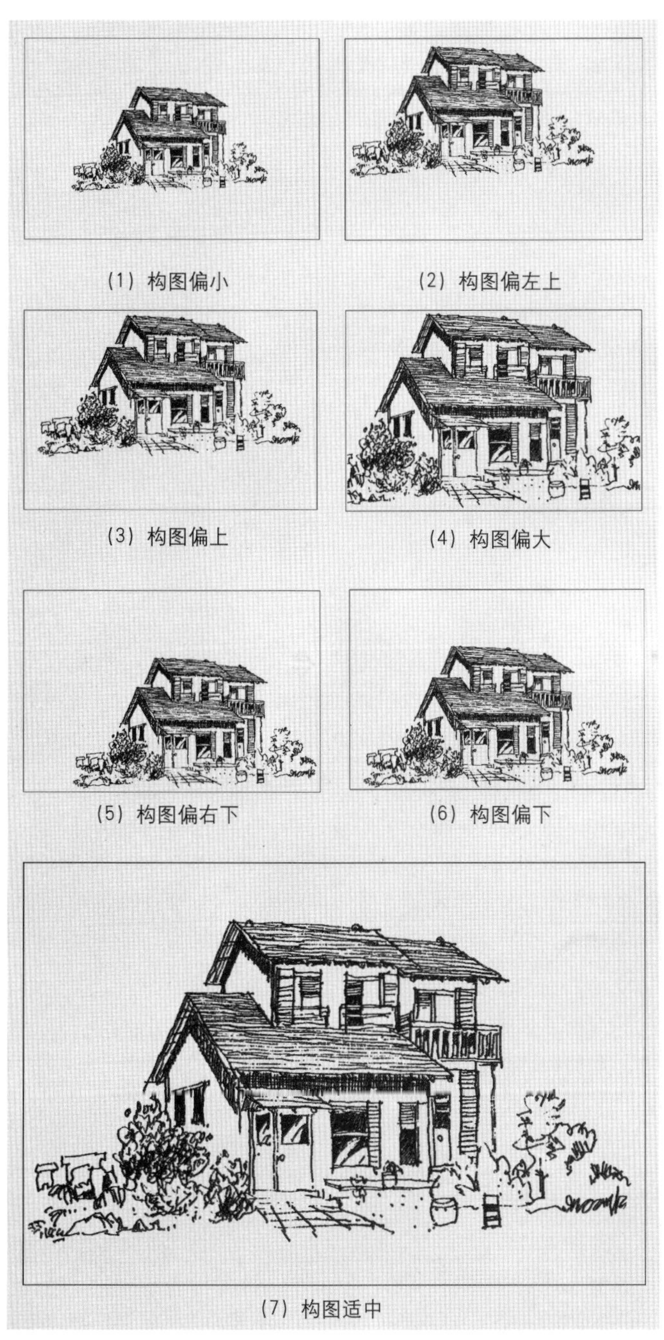

图3—8

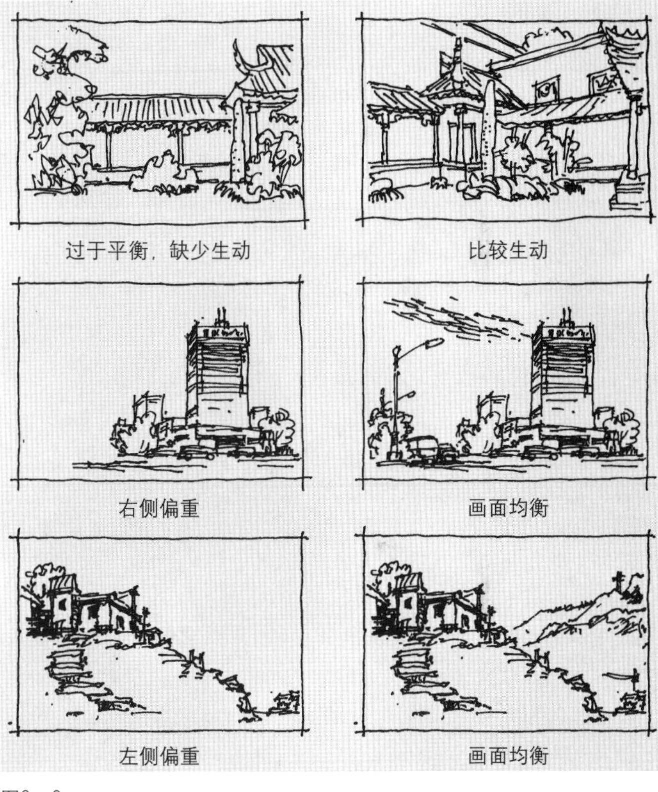

图3—9

第三节

构图形式的选择

由于观看建筑物的角度和建筑物本身的造型差异，会使画面的长宽比例产生变化。我们在表现建筑时要根据表现主体形象特征来选择不同的构图形式。一般来说，如建筑物高耸则多选择竖幅构图，建筑物宽平的应选择横幅构图，这样才能充分体现建筑的造型特征，从而达到构图合理、形成完美的视觉效果。我们还可根据现实情况及周边的建筑与环境而灵活变化（图3—10）。

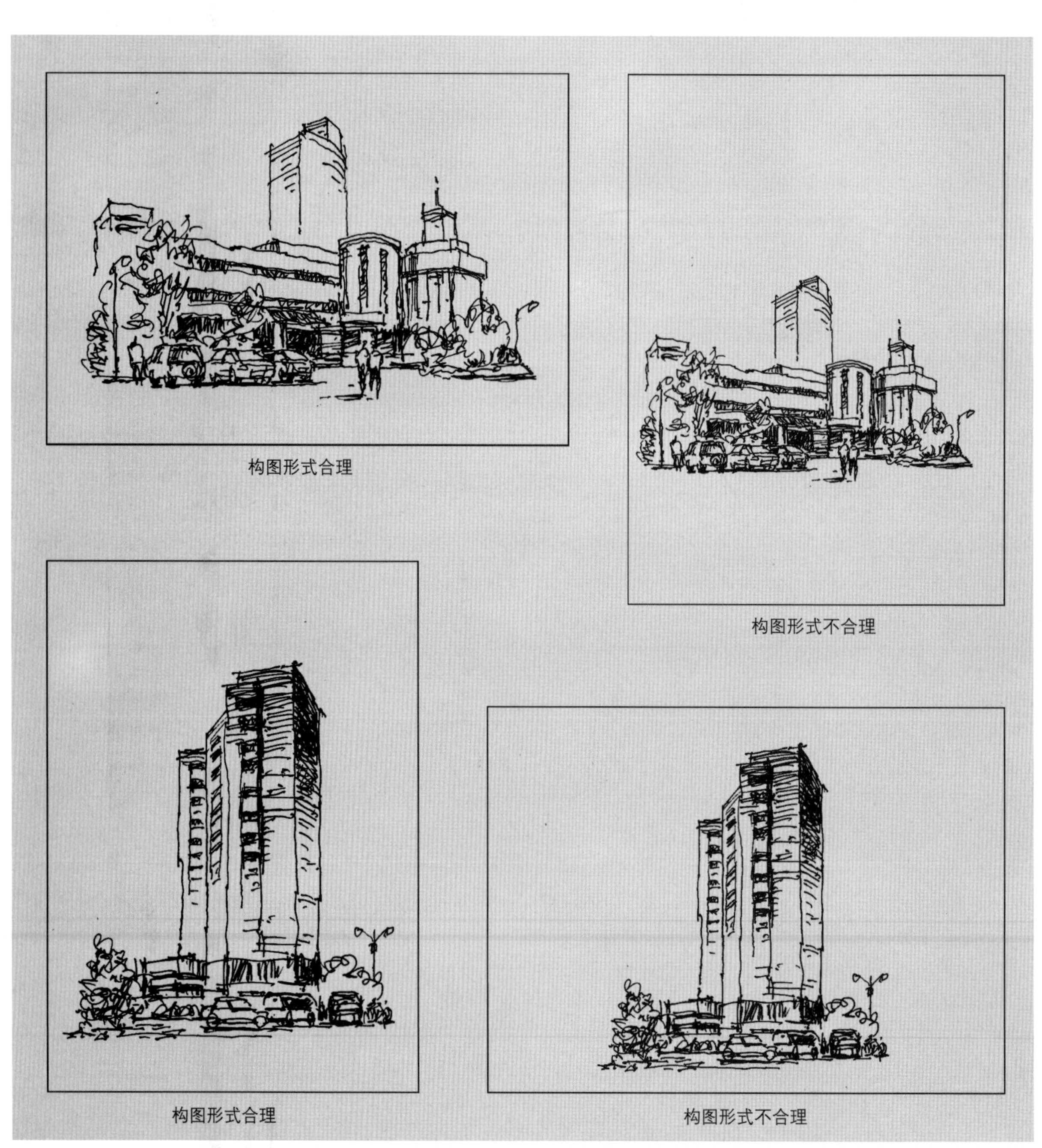

图3—10　构图形式分析图例

第四章

建筑速写表现技法与步骤

本章要点

- 表现方式选择
- 建筑细部与整体表现
- 全景表现
- 色彩搭配表现

建筑速写表现技法多种多样，最终表现目的是主体建筑本身的结构特征突出和配景的搭配合理，通过合理的构图方式、完美的技法表现、巧妙的构思灵感，以增强画面的艺术表现力与感染力。

画好建筑速写，基础训练必不可少。有了良好的表现基础和理性的观察思维方法，在实际写生中按照正确的表现步骤，对不同建筑及周边环境进行由浅入深循序渐进的写生练习，逐步形成独自的表现风格（图4—1～图4—4）。

图4—1　龙门古镇　（王学思　作）

图4—2　苏州园林（王学思　作）

图4—3　大连老别墅（王学思　作）

图4—4　圣彼得堡教堂　（王学思 作）

第一节

表现方式选择

建筑速写表现方式的选择，要根据作者对建筑与周边环境的感悟和最终所追求的目标效果而定，由于表现方式的不同，表现的效果也会产生多种风格的变化。建筑速写表现方式可分为：以线为主的方式、以明暗为主的方式和线加淡彩（水彩、马克笔）的表现方式等。

一、以线为主的表现方式 ///

线是描绘所有造型的主要元素，建筑速写常用这种方式表现。建筑速写要以简练流畅的方式去追求视觉效果和审美感受。运用线条来塑造形体是一种最快捷的方式，也是一种对建筑高度概括的表现手法。线条的灵活运用，能够体现出作者丰富的情感和强烈的艺术表现力。线条是表现建筑速写外部轮廓和内部结构的主要手段。所以，想要画好一幅建筑速写，线条的运用与组织至关重要。在画面中，长线、短线、细线、粗线、粗细变化的线、轻重线、虚实线及线的疏密组织会对画面远近空间关系、主次关系起着重要的作用。如长线以表现建筑景物外部轮廓为主，它可概括物体形象及体现整体画面的生动感。短线以表现建筑景物的内部结构和刻画细部为主，可进一步地强化建筑物体整体形象的完整性。细线在表现建筑景物时，若组织不好会使画面单薄、简单，并缺少生动感。要运用细部刻画和线条疏密变化来丰富画面整体关系。粗线多用于建筑质地粗犷的传统古旧民居建筑，体现出古朴、老旧、真实的质感。粗细变化的线表现灵活多样，可粗可细的线条穿插运用，在视觉上会产生力度感，使画面对比度、远近、虚实的空间变化效果更加明显。我们要根据不同的建筑景物，具体形体结构特征要求来选择线形，从而达到预想效果（图4—5～图4—7）。

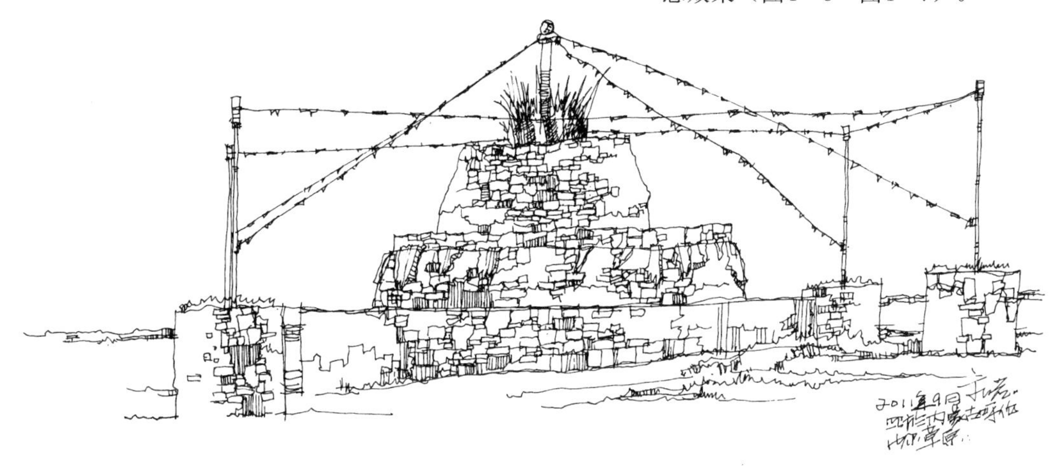

图4—5

图4—6　苏州园林　（王学思　作）

图4—7　苏州园林　（王学思　作）

苏州园林中的耦园是最小的私家园林，园中有中国著名的黄石山。这幅作品线条简练，山石与建筑形成对比，整体画面构图严谨，画法轻松自如，体现出一种人为的自然意境。

二、以明暗为主的表现方式 ///

各种物体在有光的情况下，就会产生明暗的变化，这是因为物体的形体转折而产生的。当我们画素描几何形体时，由于形体与角度空间的变化，物体会形成黑、白、灰色调变化及投影，这样会增加物体的形体感和质感。

建筑速写会经常运用这种方法，以明暗为主加上一些灰色调，把表现素描的方法运用到钢笔建筑速写中，增加画面的艺术效果，在视觉上形体更加突出，具有较强的冲击力，画面明暗对比分明，整体效果形象生动。

在绘画前要观察分析建筑物体明暗的关系。光源强对比较明显，表现时要注意明暗面积的协调，大的暗面会使画面沉闷，大的亮面会使画面单调。一幅画要考虑明暗比例，明暗交错穿插，使整体画面对比协调。表现建筑主体与近景时，明暗对比要强烈，结构要清晰，处理远景与配景时明暗对比要相对减弱，做到近实远虚，通过对比与虚实增强画面的空间纵深感（图4—8～图4—14）。

图4—8　玉米楼　（王学思　作）

图4—9　西塘古镇　（王学思　作）

图4—10　朝鲜族民居　（学生　陈作坤）

这幅作品是用中性笔组织线条勾勒出黑、白、灰的表现效果，配景的处理恰到好处，建筑主体突出，使画面较为生动。

图4—11　阳泉小河村　(王学思　作)

图4—12　莆田老街　(王学思　作)

图4—13　学生作品

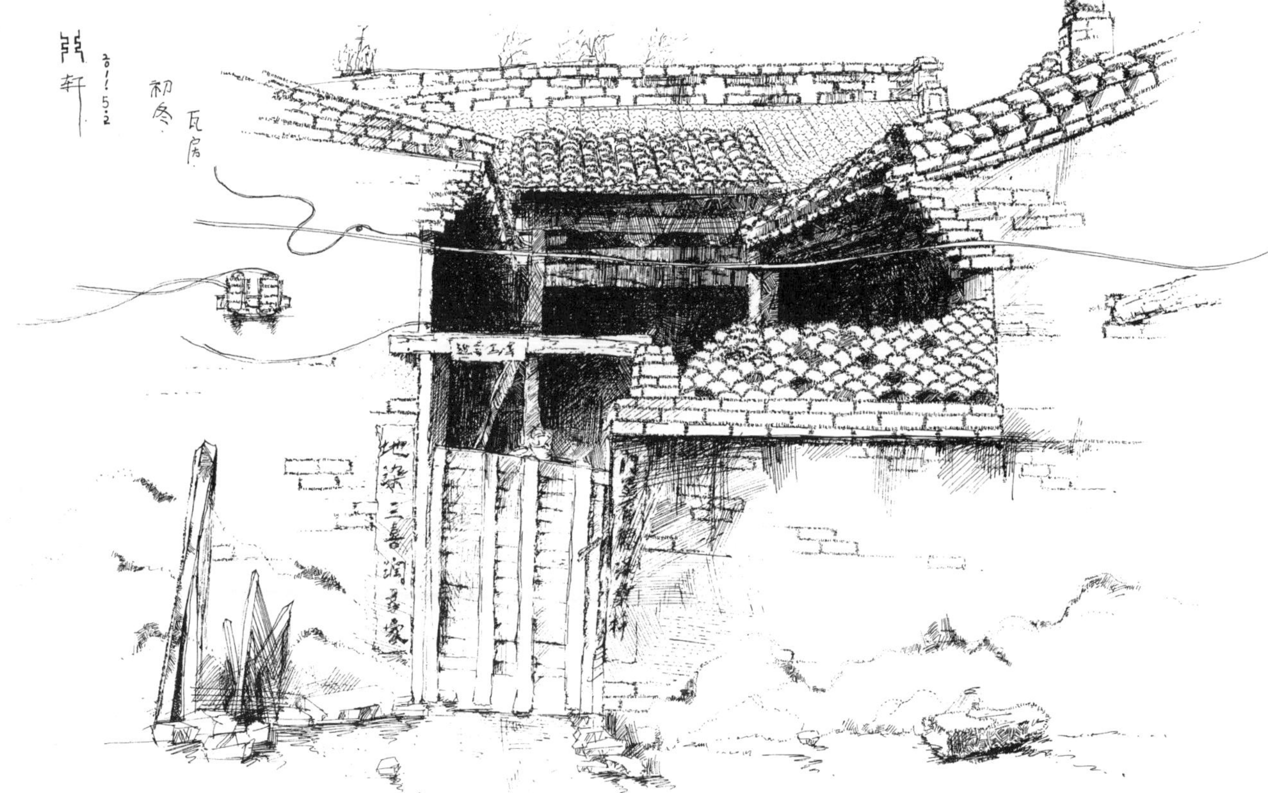

图4—14　室外速写　(学生　王轩)

第二节

建筑细部与整体表现

在建筑速写写生中，我们眼中的每一个建筑物都有独立的造型特征，通过多角度的观察来寻找能激发你表现它的欲望。就像照相机取景框一样，选择最能突出的主体为重点场景进行取景，然后将整个建筑与环境纳入取景框内，对焦点就是你要重点刻画表现的地方。可以说它是画面最吸引人的地方，也称之为亮点部分。在建筑写生中，我们可以借鉴这种方式，对建筑环境中主要的表现区域进行相对的局部刻画，在表现过程中，还要考虑周边建筑与配景的协调关系。造型复杂的建筑，其周边环境处理的过于简化概括，会显得主体孤立无援，过于生硬，画面缺少活力；造型简洁的建筑则需要选择相对丰富的配景来对其加以烘托，但取舍概括要适当。配景中如人物、房屋、汽车等要随着空间的远近、虚实及疏密而变化，使画面主体表现更为生动，具有较强的层次感，从而提高画面的艺术感染力。

一、细部结构表现 ///

在表现有特点的建筑物时，要表现建筑结构细部。它是凸显建筑特征的主要部位，是建筑速写画面中比较精彩的部位，尤其是画建筑近景或建筑局部时，应当对建筑细部结构进行重点刻画（图4—15）。

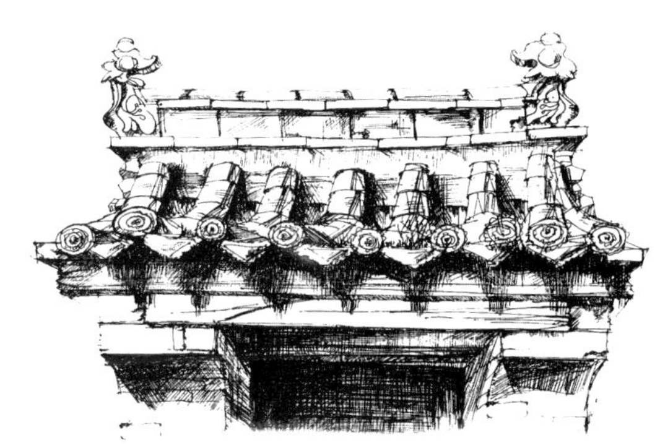

图4—15

二、整体表现步骤 ///

对初学者来讲，选定所要表现建筑物和表现视角后，在画面中需要将表现建筑特征的外轮廓线概括地勾勒出来，在准确的轮廓线中再逐步进行建筑的细部表现。经过一段时间的训练，手脑配合较为熟练之后，作画者可省略勾画轮廓线过程，整个建筑轮廓的结构在头脑中已经形成一个完整的建筑结构形象、结构比例关系，可先缓后快，先简后繁，先小后大，先左后右，先上后下。也可根据自己的实际情况选择表现方法，其前提是造型结构准确，透视合理，线条流畅，黑白有致，构图完整，生动为佳（图4—16～图4—20）。

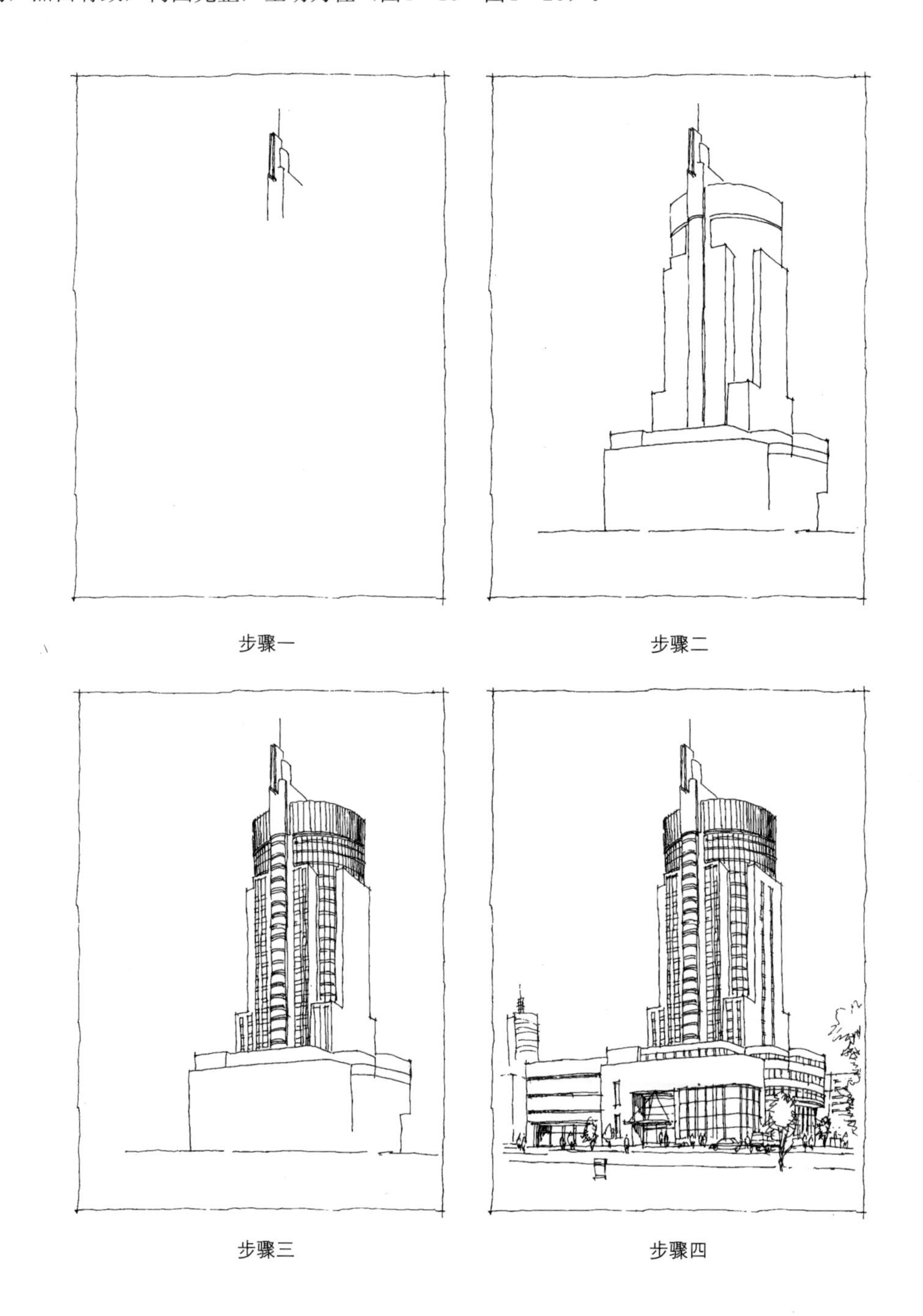

步骤一　步骤二

步骤三　步骤四

图4—16

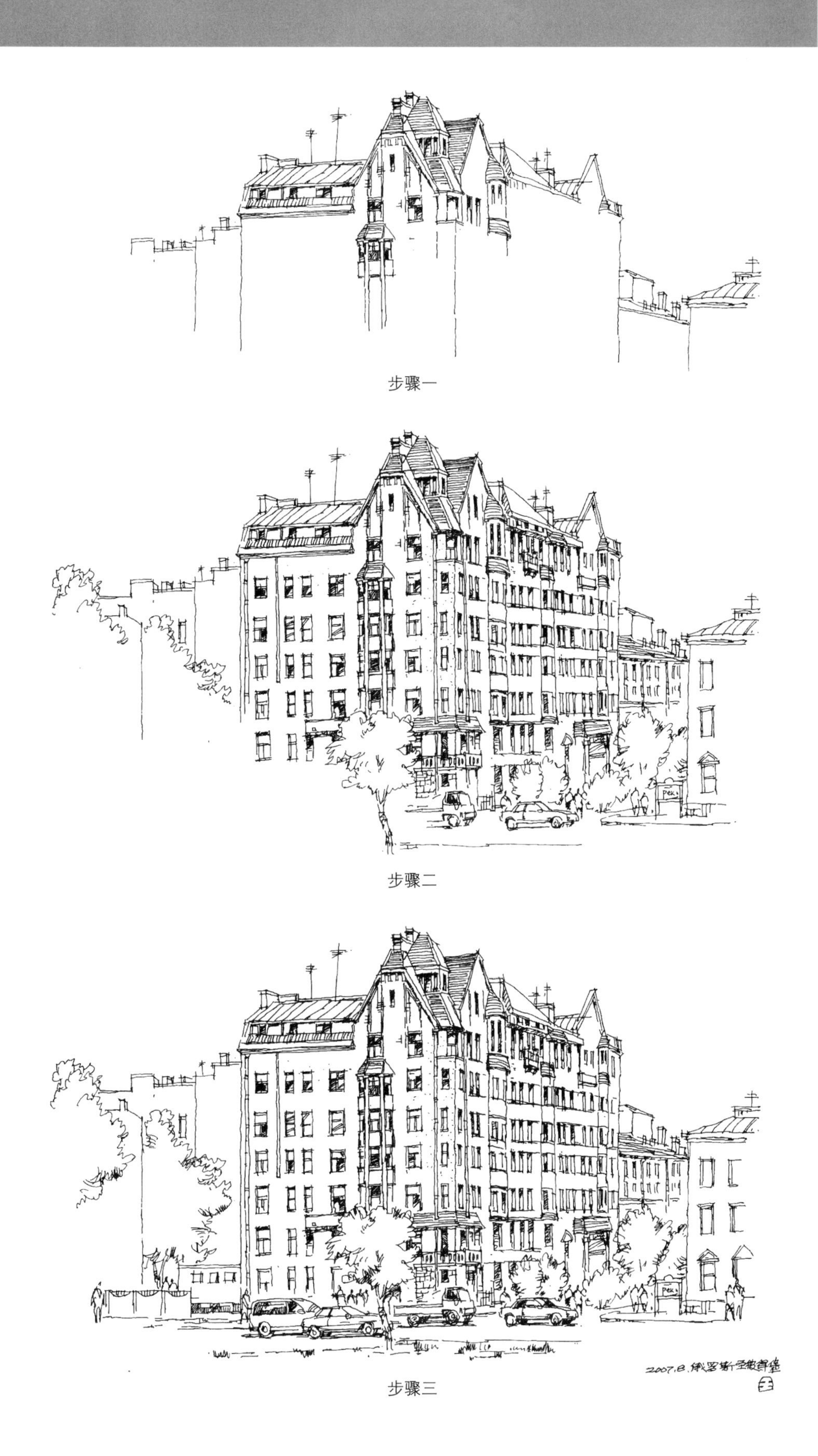

步骤一

步骤二

步骤三

图4—17

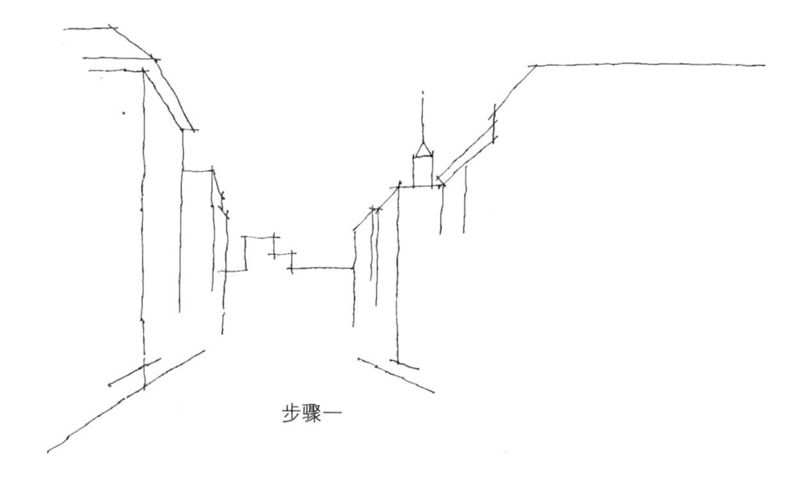

步骤一

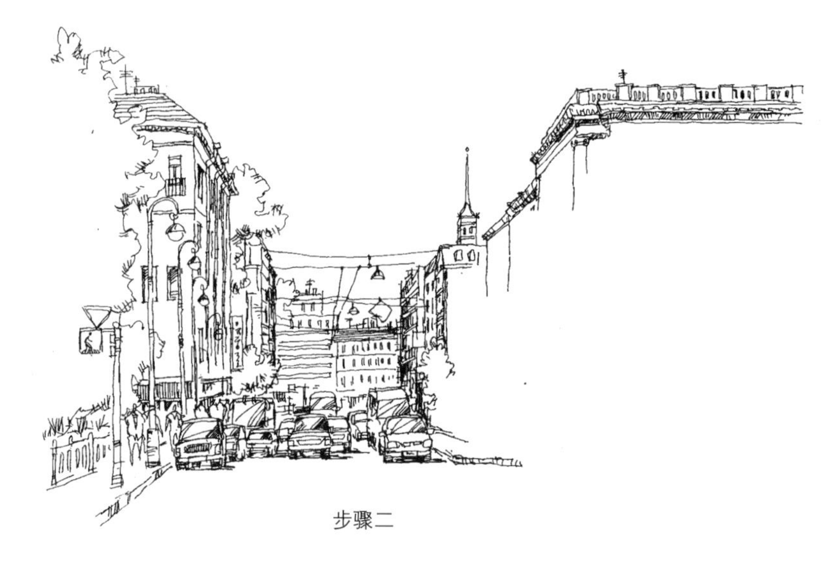

步骤二

步骤三

图4—18

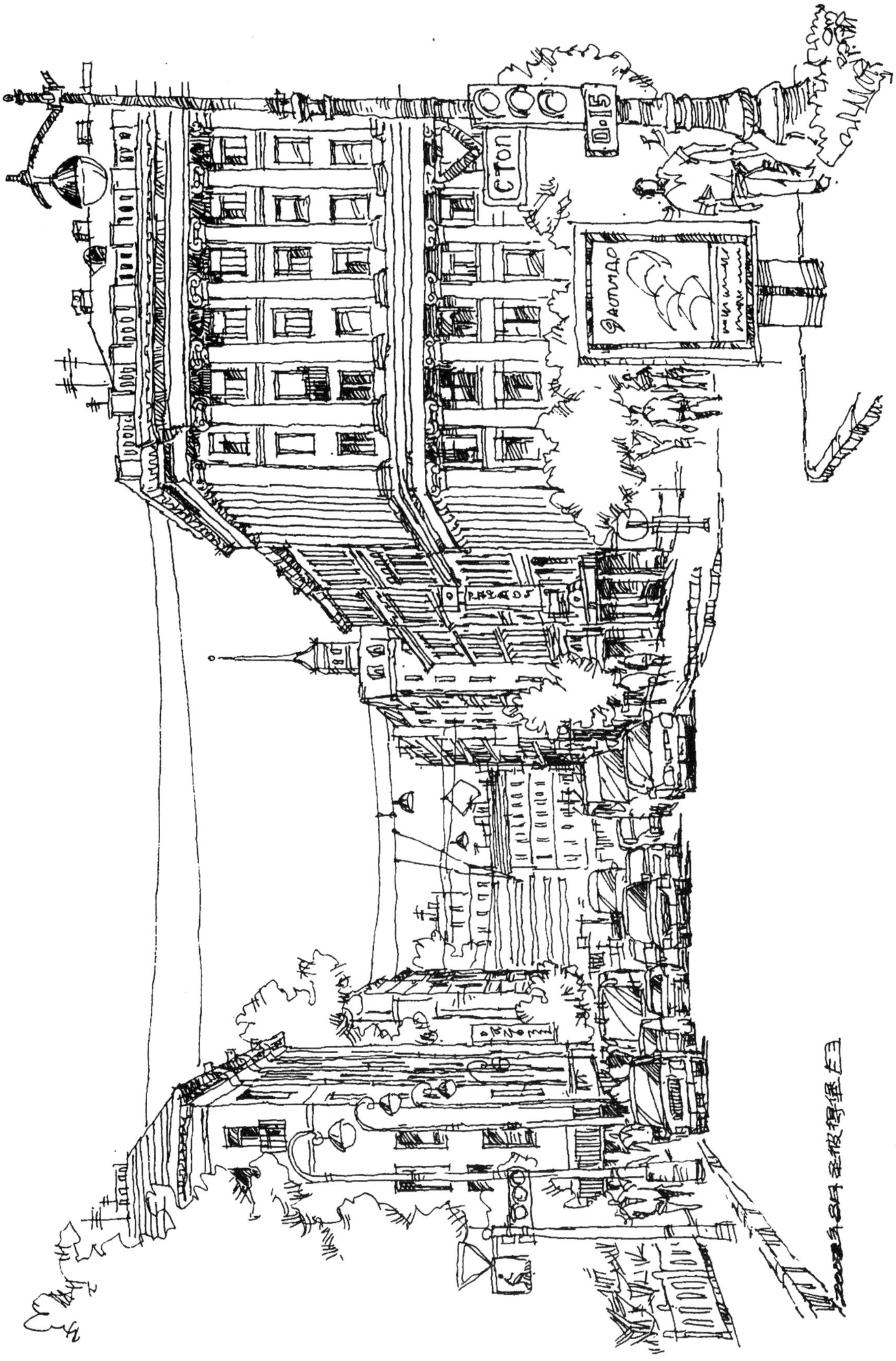

步骤四

图4—19 圣彼得堡 （王学思 作）

步骤一

步骤二

步骤三

2007年8月圣彼得堡街景

图4—20

第三节

全景表现

全景表现是对建筑群体、特征及整体环境表现的一种形式，多以俯视为主，主要以景观规划、小区表现等为主要目标。在全景表现中，首先，要对所选的场景透视规律进行分析，其次，再根据三点透视或散点透视对所表达的场景进行取景构图。在构图过程中，要对场景结构进行适当的提炼、取舍，将所表现的景物结构在脑海中归类总结，然后利用速写的作图方法从局部画起，并及时调整画面的关系。局部结构要服从整体表现，尽力使画面协调统一（图4—21、图4—22）。

图4—21　长白山林场　（刘岩 作）

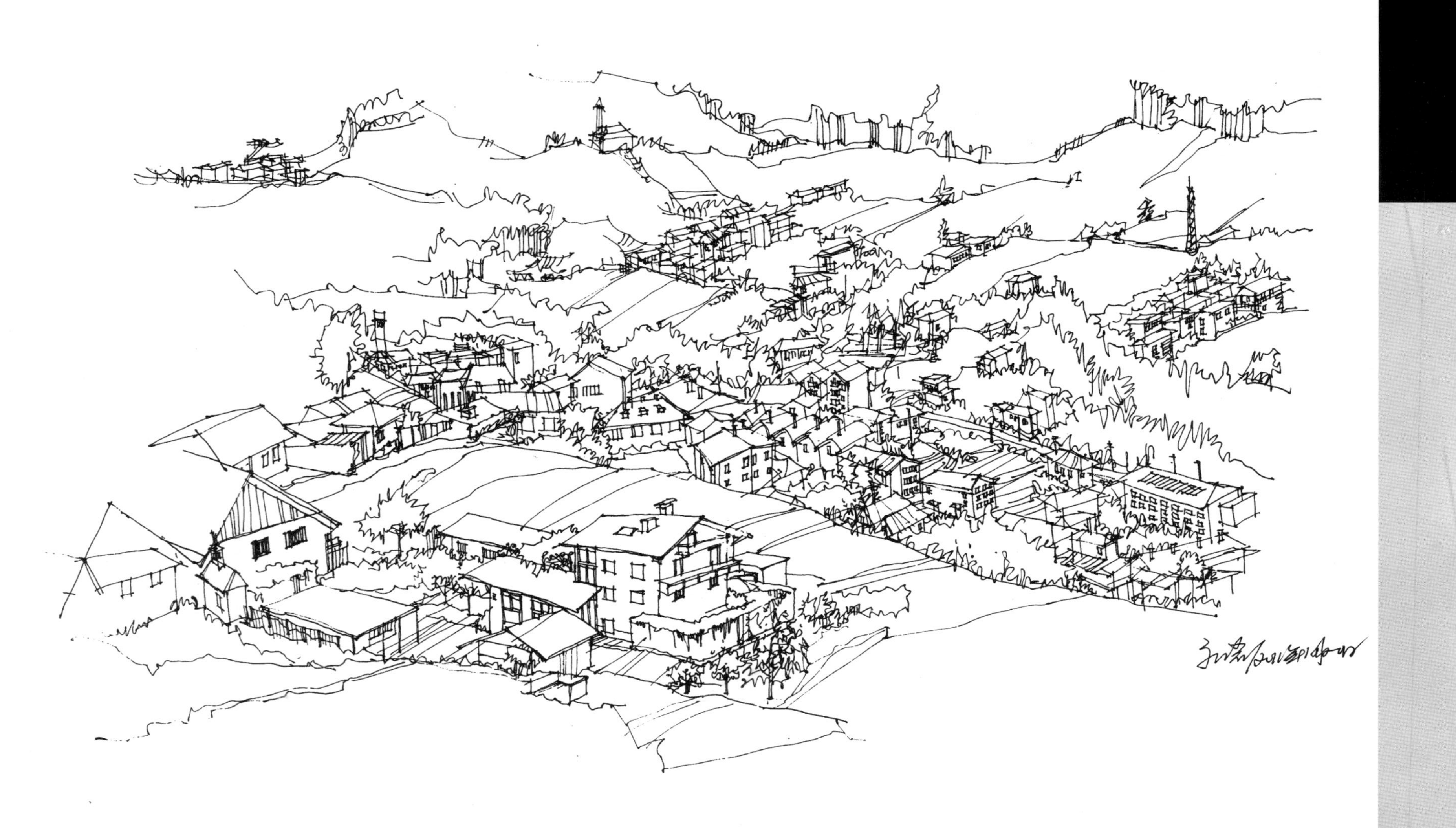

图4—22 瑞士写生 （刘岩 作）

这幅作品全景表现以散点透视为主形成多个灭点，在建筑速写中表现较难。这幅作品表现手法较为熟练轻松，画面构图局部疏密变化错落有致，主次分明。

第四节

色彩搭配表现

建筑速写中色彩搭配表现不同于效果图的表现技法，它的色彩运用没有效果图表现那样丰富。它强调的是色彩运用的“速度”，需在速写线稿的基础上，用淡淡的颜色将建筑物及环境的色彩信息记录在速写稿上，这时常常使用钢笔等加彩色铅笔，再结合马克笔进行快速表现。彩色铅笔和马克笔都具有很强的笔触质感且各有特点，因此在作画时需根据实际情况选择合适的工具去添加颜色，可局部着色，可客观性的着色，也可通过主观提炼概括后着色。配色时颜色运用以简练概括为主，色调要协调统一，但颜色运用不宜过多，否则会失去速写的韵味。此方法可为今后的效果图设计表现奠定基础（图4—23～图4—42）。

图4—23　山西建筑　（刘岩　作）

这幅作品是山西民居，运用针管笔简练的勾勒出建筑的轮廓，表现出基本的建筑构造，然后再运用马克笔的灰色调把建筑的色彩特征加以表现，局部的红色记录了当时的节日喜庆气氛，颜色简练，表现出的内容丰富。

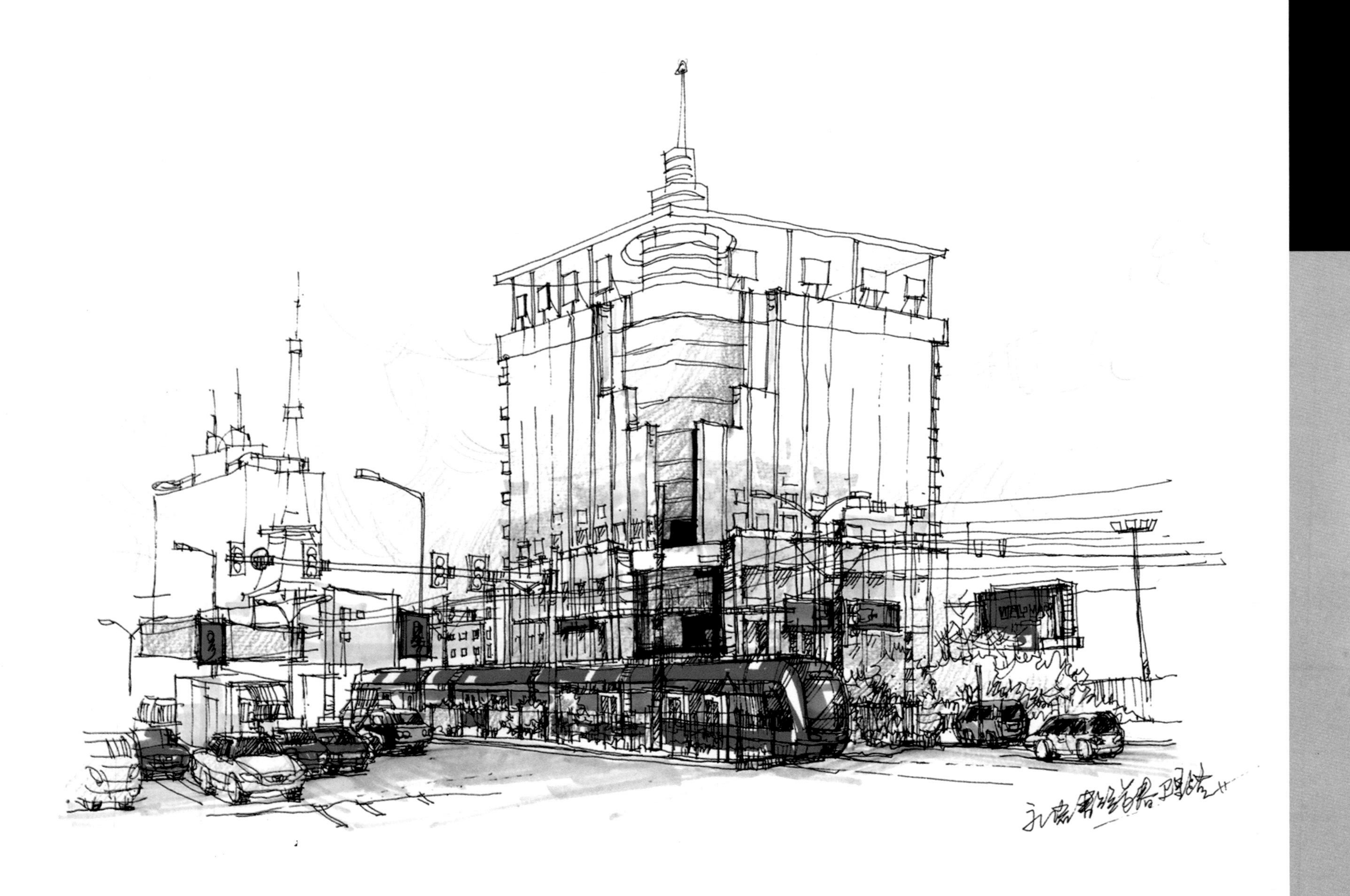

图4—24 针管笔、马克笔表现 （刘岩 作）

图4—25　中性笔、马克笔表现　（王学思　作）

图4—26　铅笔、马克笔表现　（王学思　作）

这幅作品使用铅笔勾勒线稿，马克笔着色，线条痕迹并不明显，加之选用的打印纸有晕色效果，颇有水彩画的表现风格。

图4—27　针管笔、马克笔表现　（刘岩　作）

这幅作品选用针管笔绘制而成，画面构图饱满，表现古村落村边小路。用笔娴熟，画面中的植物表现生动，加之配上简单的马克笔效果，把村边小路烘托得十分有生机。

图4—28 针管笔、马克笔表现　（王学思　作）

图4—29　中性笔、马克笔表现　(张享东　作)

图4—30　中性笔、马克笔表现　(刘岩　作)

图4—31　中性笔、马克笔表现　(王学思　作)

图4—32 针管笔、马克笔表现 （刘岩 作）

图4—33 针管笔、马克笔表现 （刘岩 作）

图4—34 中性笔、马克笔表现 （刘岩 作）

图4—35 中性笔、马克笔表现 （刘岩 作）

图4—36　中性笔、马克笔表现　（王学思　作）

图4—37　中性笔、马克笔表现　（刘岩　作）

图4—38　针管笔、马克笔表现　（刘岩　作）

图4—39 针管笔、马克笔表现 （刘岩 作）

图4—40 针管笔、马克笔、彩色铅笔表现 （刘岩 作）

图4—41 中性笔、彩色铅笔表现 （学生 张雅丽）

图4—42 中性笔、彩色铅笔表现 （学生 李小丽）

图4-41、图4-42这两幅作品使用中性笔和彩色铅笔相结合绘制而成，用线组织出明暗关系，再涂上彩色铅笔，色调比较协调，表现出自然古朴的画面效果。

作品赏析

经过对多年的教学实践，不断地更新知识结构，在教学实践中认真总结教学经验，完成了以下作品，供读者参考。作品取材于国内外的实地建筑写生，其内容形式各有不同，在实际教学中具有一定的指导意义。在学生学习速写的透视、构图、表现手法及素材收集方面，都会起到积极的作用，为学生今后的专业设计和实践创作奠定良好的基础。

九华山 （王学思 作）

周庄 （王学思 作）

周庄 （王学思 作）

大连中国银行 （王学思 作）

石桥 （王学思 作）

厦门鼓浪屿 （王学思　作）

大连老建筑 （王学思　作）

同里退思园 （王学思　作）

水乡周庄 （王学思　作）

水乡周庄 （王学思　作）

苏州园林 （王学思　作）

这幅作品线条简练流畅，水中弯曲的小石桥在有限的空间内延长了小桥的长度，以增加趣味性。小桥和水边山石用线刚劲有力，富有弹性，造型完整，而庭树显得有些概括，凸显弯曲的小桥和高低错落山石的情趣，充分体现了苏州园林特有的意境。

安徽宏村 （王学思　作）

西塘古镇 （王学思　作）

这幅作品是古镇水边建筑和局部表现，可在作画时选择建筑中使你感兴趣的局部进行重点刻画，把不必要表现的部分舍去，主题更加突出。

钢笔表现 （王学思 作）

哈尔滨街景 （王学思　作）

大连老建筑 （王学思　作）

乌镇客栈 （刘岩 作）

这幅作品结构造型表现准确，画面细腻，有实有虚，黑白面积处理比较合理，江南水乡的特有韵味十足。

水乡周庄 （王学思 作）

水巷 （王学思 作）

村口 （刘岩　作）

福建民居 （王学思　作）

圣彼得堡 （王学思 作）

俄罗斯建筑 （王学思 作）

西递村 （刘岩 作）

城市老建筑 （王学思 作）

福建民居 （王学思 作）

山西碛口 （王学思 作）

苏州茶楼 （刘岩 作）

福建莆田 （王学思 作）

这幅作品表现的是福建莆田老街景，画面以明暗为主，用线手法轻松自如，把古旧的感觉处理得很充分。

同里古镇 （王学思　作）

山西碛口客栈 （王学思　作）

土楼（王学思 作）

龙门古镇 （王学思　作）

乌镇 （王学思　作）

山西民居 （王学思　作）

山西碛口镇 （王学思　作）

城市街景（刘岩 作）

碛口镇民居 （王学思　作）

山西民宅 （王学思　作）

福建田罗坑 （王学思 作）

福建土楼 （王学思 作）

西塘古镇 （王学思 作）

平遥古城 （王学思 作）

和顺古镇旧民宅 （王学思 作）

长春市老建筑 （高家骥 作）

长春市老建筑 （高家骥 作）

山西民居 （张享东 作）

莫斯科火车站（王学思 作）

这幅作品建筑造型比较概括简练，配景人物表现得较为生动，与整体建筑结合比例协调，人物大小、远近、疏密处理得恰到好处。

莫斯科教堂 （王学思 作）

圣彼得堡 （王学思 作）

瑞士街景 （刘岩 作）

德国写生 （刘岩 作）

德国写生 （刘岩 作）

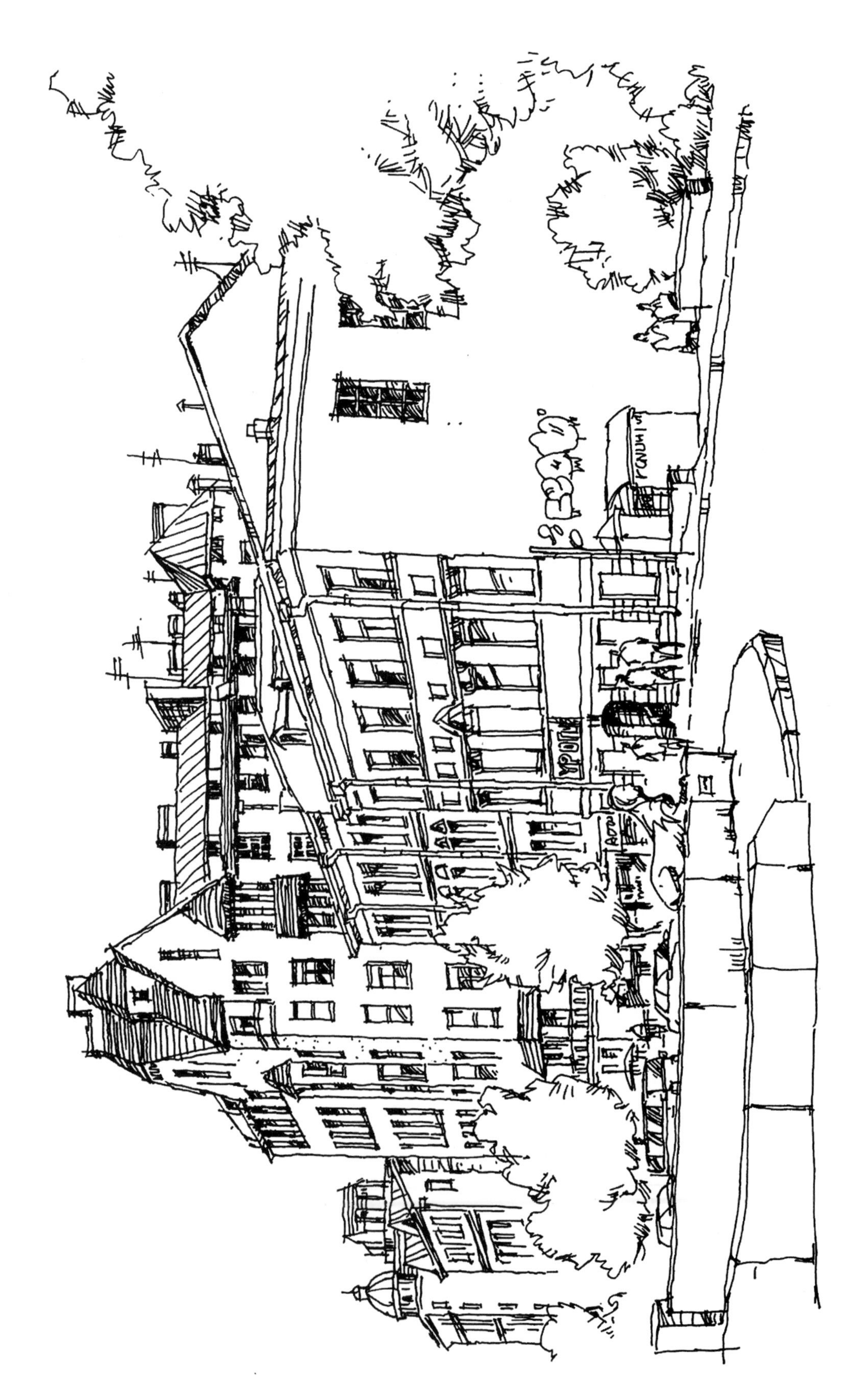

圣彼得堡（王学思 作）

圣彼得堡（王学思　作）

圣彼得堡 （王学思 作）

莫斯科 （王学思 作）

圣彼得堡（王学思 作）

圣彼得堡（王学思 作）

教堂 （王学思　作）

圣彼得堡 （王学思　作）

后 记

建筑速写可以快速、客观地表现建筑造型结构及建筑环境。建筑速写训练能使学生掌握建筑速写的表现技法，提高学生在实际设计中熟练绘制设计方案和草图的能力与速度，进而培养学生迅速地表达设计构思和沟通设计的能力。因此，在环境艺术设计及相关的教学中始终得到高度的重视，适时地开展建筑速写训练，一方面，培养学生对建筑速写的表现能力，另一方面，积累坚实的绘画表现基础。在建筑速写的教学实践中，我们不断地鼓励学生勇于探索，不断地提高创新思维能力，相信只有持之以恒、刻苦钻研、不断积累、辛勤耕耘，才能尝到收获的喜悦。

由于受编撰时间限制，难免有疏漏之处，请同仁指正。在此一并感谢参与编撰的各位朋友和学生们的支持与协作。